ファンタジーな生物学

暗記にとらわれず楽しく学ぼう

国際基督教大学　小林　牧人　著

佛教大学　　　　小澤　一史　監修

恒星社厚生閣

はじめに

この本は，生物学は暗記科目だから好きになれない，という人のために，生物学の面白さを味わってもらおうと考えて書かれた本です．

生物学の勉強は覚えることが多くてつまらない，という声をよく聞きます．たしかに生物学の教科書をみるとホルモン，ビタミン，消化酵素などの一覧表が出ていて，これを期末試験，大学受験のために覚えなさい，と言われたらおそらくほとんどの人は楽しさ，面白さを感じないでしょう．生物学者である私もそう思います．なぜでしょうか．

多くの生物学の教科書，特に高校の教科書は内容が簡潔にまとめられていて，初めて生物学を学ぼうとする人には，無味乾燥な情報のかたまりのように見えるのではないでしょうか．そしてそこには，それらの物質が，いつどこでどのようにはたらき，その動物が生きていくうえでどのような意味があるのか，といった「ストーリー」がないため，暗記のための用語集にように見えるのではないでしょうか．

私は大学で動物生理学を教えていますが，そこでは動物の「かたち（形態）」，「しくみ（機構）」，「はたらき（機能）」，「オン・オフ（調節）」およびこれらのことが，動物が生きていくうえでどのような「意味」をもつのか，ということを説明しています．これらのうちの最後の「意味」を付け加えることにより，体内でのさまざまな物質と細胞のはたらきをもとにひとつのストーリーをつくることができます．また意味を考えることにより，なるほどそういうことだったのか，と動物のからだの精巧さ，美しさを感じて，生物学の面白さを味わうことができるのではないでしょうか．たとえばホルモンの説明は，一覧表でお経のように覚えるのではなく，ストーリーの中の一人の登場人物として扱えば，それほど抵抗なく受け入れることができるのではないかと思います．

この「意味を考える」ということは，物理学や化学などの他の理科系の科目とはちょっと違う生物学の特徴なんです．生物学には，How（どのようにして，どのようなしくみで）のクエスチョンと Why（なぜ，どんな意味があるのか）

のクエスチョンの２つのクエスチョンがあります．動物のもつからだのしくみ，動物が行う行動が，その動物にとってどんなふうに役に立っているのか，その意味を考えるのが生物学における Why（なぜ）のクエスチョンであり，他の理科系科目にはない生物学の特徴，言い換えれば生物学の最も生物学らしいところなんです．これが生物学のファンタジー（なんで動物はそういうことをするのだろうという空想．科学的には仮説と言います）です．

一方，多くの生物学の教科書は，動物のからだが正常にはたらいている時の話が中心で，ヒトの病気，けが，薬や食べ物の話は出てきません．授業で聴いた内容はあまり私たちの日常生活とは結びついていません．教室の中で聴いた生物学の話は教室の中だけにとどまり，教室を出ると生物学はもう自分の生活から離れていってしまいます．その結果，生徒・学生は生物学を「他人事」，「非日常的なもの」としてとらえてしまうのではないでしょうか．私の講義では，動物学の基本的な説明に加えて，病気，けが，薬，食品，スポーツといった日常的要素を含めるようにして，生物学をより身近なものと感じて興味を持ってもらえるようにと考えています．

本書は，生物学の教科書ではありません．生物学の内容のすべてをカバーしているわけではありません．私が教えている動物生理学のうちの楽しめそうな内容を選んでまとめたもので，あくまで生物学になじむための参考書です．各項目の説明にストーリーをつくり，日常との関係を加え，そしてまだ科学的には証明されていない私独自の解釈・意味づけ（空想，仮説）も付け加えました．これが生物学のファンタジーです．もし読者の中の誰かが私とは異なる新しい仮説を思いつき，その後その人が生物学者になってその仮説が正しいかどうか調べるという研究を実験室の中であるいはジャングルの中で，するようになったら（私が生きているうちに），私にとって最大の喜びのひとつとなります．

また生き物について調べているとその多様性に驚かされます．いろいろな動物がいろいろな生き方をしています．すべての動物について例をあげると切りがないので，ここではヒトを中心にその他のいくつかの動物を例にあげて説明をしていきます．特殊なこと，専門的で複雑な機構については，本の内容の面白さを優先するため，あまり深入りしないことにしました．ちょっと無責任なようですが「興味のある人は自分で調べてみて下さい」ということで話を終わりにしています．

この本は，生物学の教科書と並行して読んでもらえればと思います．ちょっと複雑に感じたら読み飛ばしてもらってもかまいません．各章をどの順番から読んでもらってもかまいません．コラムも同様です．また数式，計算は極力扱わないようにしました（ただし章によっては，分子量，モル濃度の理解が必要です）．そうして生物学のストーリー，ファンタジーを楽しんでいただければと思います．教科書と並行して読むことにより，無味乾燥に思えた教科書が，いかに簡潔によくまとめられているか，ということに気がつくかと思います．教科書はやはり教科書として重要なのです．

著者の小林は農学部水産学科卒で魚類の生理学の研究を続け，大学では動物生理学の講義，実習を担当してきました．本書の原稿は小林が書き，医学部卒で，医師，基礎医学研究者である小澤が監修をしました．小澤は，若いときより医学の世界にいてもヒトのからだを生物学的観点から考える立場で研究を進めてきました．二人の出身学部は異なりますが，若い頃から交流をもってきました．それは，二人が同じ視点で動物，ヒトを観るという姿勢があったからだと思います．本書には，単に生物学の知識をつめこむということではなく，広い見方で生物学をとらえて楽しんでもらおう，という二人の思いがこもっています．

また本書に出てくる単語は，動物学用語に基づいていますが，同じ意味の単語でも学問分野によって異なる用語を使うことがあります．読者が他の生物学の本，医学書を見比べた時に混乱をしないように本書の最初に用語の対照表をつけましたので参照してください．また本書は小林が原稿を書き，小澤が校閲・加筆をしています．本書にでてくる「私」は小林を指します．

2022 年 7 月

小林牧人・小澤一史

目　次

用語対照表

英語	医学，薬学， 獣医学，畜産学	動物学，水産学
gonad	性腺	生殖腺
gonadotropin-releasing hormone (GnRH)	性腺刺激ホルモン放 出ホルモン	生殖腺刺激ホルモン 放出ホルモン
gonadotropin (GTH)	性腺刺激ホルモン	生殖腺刺激ホルモン
follicle-stimulating hormone (FSH)	卵胞刺激ホルモン	濾胞刺激ホルモン， ろ胞刺激ホルモン
luteinizing hormone (LH)	黄体形成ホルモン， 黄体化ホルモン	同左
spermatogonia	精祖細胞	精原細胞
spermatocyte	精母細胞	同左
spermatid	精子細胞	精細胞
spermatozoa	精子	同左
oogonia	卵祖細胞	卵原細胞
oocyte	卵母細胞	同左
ovum	卵子	卵
follicle	卵胞	濾胞，ろ胞，卵巣濾胞
estrogen	エストロゲン 卵胞ホルモン 女性ホルモン 男性ホルモン	エストロゲン， 濾胞ホルモン， ろ胞ホルモン 雌性ホルモン 雄性ホルモン
human chorionic gonadotropin (hCG)	ヒト絨毛性ゴナドト ロピン	ヒト絨毛膜性生殖腺 刺激ホルモン
ureter	尿管	輸尿管，尿管
renal tubule	尿細管	細尿管，尿細管， 腎細管
peritubular capillary	尿細管周囲毛細血管	周管毛細血管
*読みは同じですが漢字が異なります.		
neuron	神経線維	神経繊維
muscle fiber	筋線維	筋繊維
peurkingje fibers	プルキンエ線維	プルキンエ繊維

第１章　序論：ストーリーのない暗記は苦痛です

どのようなしくみかを考え，なぜ？　の空想を楽しむのが生物学のファンタジー

私は子供の頃から動物を飼うのが好きでした．家には犬，猫がいました．鳥，魚を飼っていたこともあります．鳥，キンギョは店で買ってきて，野生の魚は自分で採ってきて飼っていました．小学校，中学校での理科は好きでした．高校の生物も科目としては物理や化学より好きでしたが，高校から大学にかけて生物学を勉強していると，気になることがたくさんでてきました．たとえば，インスリン＝血糖値を下げるホルモン，と習いますが，そもそもなぜ血糖値を下げなければいけないのか，血糖値が高くなるとどんな困ったことが起こるのか，教科書，参考書にはどこにも書いてありませんでした．血液中にグルコース（ブドウ糖）がたくさんあるのなら，エネルギーの素がたくさんあってからだにはいいことじゃないの？　などと考えたりしました．このことはずっと疑問のまま，大学の受験問題に出るから，そういうものとして覚えなさい，ということで長い間我慢をしていました．インスリンについてはあとで説明しますね（**第10章**）．

また交感神経のノルアドレナリンと副腎髄質のアドレナリンは血管に作用して血管を収縮させ血圧を上げる，と習います．ここでまた悩みます．交感神経って何？　副腎髄質ってどこにあるの？　私にはカレーライスについてくる福神漬けと名前が似ているくらいのことしか思いつきませんでした．そもそも血圧を上げるって何のため？　いつどのような時に血圧を上げる必要があるのか，その理由がわからないとそれ以上の理解が深まりません．一方，世の中では高血圧の人の血圧を下げる薬，食べ物などがさかんに紹介されています．結局，ストーリーがわからないまま，ノルアドレナリン＝血圧を上げる，ということを我慢してとりあえず暗記することになります．このことについてもあとで説明しますね（**第５章**）．

それから「浸透圧」，これなんだかわかりにくいですよね．文字を見てもイメージしにくいですよね．浸透圧の圧って圧力の圧？　教科書を見ると，**図1**

-1 のような説明があり，半透膜を境に管の中の水の量が右と左で違っています．その差の圧が浸透圧と書いてあるけれど，それが我々のからだのどこに圧をかけているの？　考えてもよくわかりません．そもそも半透膜？　これ何？細胞膜のモデル？　水は通すけど溶けている物質は通さない膜なの？　ということは水より大きな物質は通さない？　と考えてしまいます．水の分子量は18とすると，食塩を水に溶かしたときの Na イオンの原子量は 23，Cl イオンの原子量は 35 で，たしかにこれらは半透膜を通らないでしょう．それでは水に溶けた酸素分子（O_2　分子量 32），二酸化炭素（CO_2　分子量 46）は膜を通

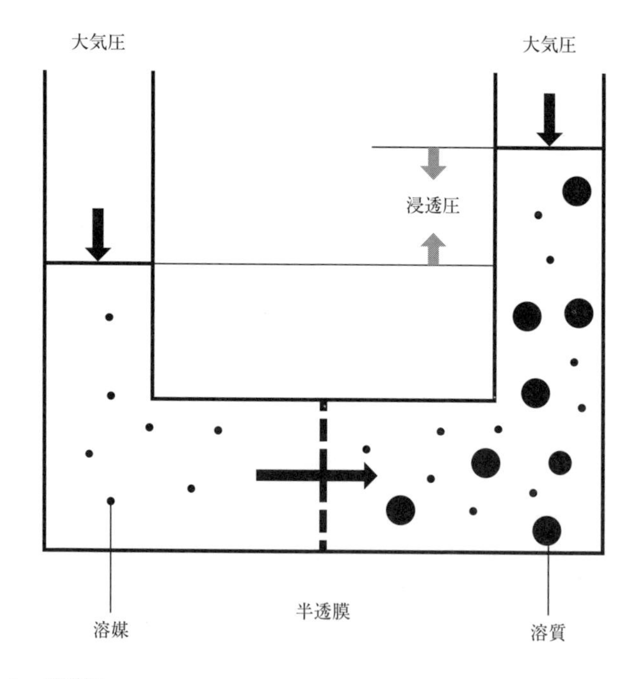

図 1-1　浸透圧.

右側の管に溶質を溶かすと溶液は濃くなる. それを薄めるように左側から右に溶媒が移動（拡散）し, 右側の液面が高くなる. この時, 右の液面に蓋をして押し下げると左の液面が上がる. 左右の液面が同じになるまで右側に圧力をかけたとき, その圧力を右側の溶液の浸透圧という. こういう実験, 実際にみたことありますか？　そもそもこういう道具をどこで手に入れるのでしょうか. それと, ここでいう圧と我々のからだの体液の濃さとの関係, わかりますか？　高校生の私にはなんだかよくわかりませんでした.

るの？　通らないの？　よくわからなくなってきました（生物の細胞膜は酸素分子，二酸化炭素分子を通します．拡散により細胞膜を通り抜けます）．

浸透圧は生物の教科書だけでなく化学の教科書にも出てきます．それをみると，

$$\pi = CRT$$

というファントホッフの公式というのが出てきます．浸透圧 π は，C がその溶液のモル濃度（mol/L），R は気体定数，T は絶対温度と説明されています．高校生の私はもうここでギブアップでした．

もう一度生物学の教科書に戻りましょう．教科書には，細胞がうまく生きていくには細胞のまわりにある体液（脊椎動物では血液，リンパ液，組織液および雄の精液）の濃度は一定に保たれる必要がある，とあります．そうか，浸透圧とは液体の濃さ（どれだけの物質が水に溶けているか）と考えればいいのか．なんで「圧」なんていう言葉を使うんだろう．生物学の本に，海水魚と淡水魚の浸透圧調節の説明が出ています．海水魚は，体液より濃い海水にすんでいて，淡水魚は体液より薄い淡水にすんでいます．体液の濃さは海水魚も淡水魚もほぼ同じで，それぞれの魚は，体液の濃さを一定に保つために海水魚と淡水魚は常に逆の努力をしているらしい．これはなんとなくイメージできそうだ．

それではヒトを含む陸上哺乳類の浸透圧調節はどうなっているのだろうか？我々のからだのまわりは空気だから魚のような浸透圧調節はいらないんじゃないか？　このことは教科書ではほとんど説明がありません．そのかわりこのことについてかならず出てくるのが赤血球の実験の図（**図 1-2**）です．赤血球を淡水（溶けている物が少ない薄い濃さの水．生物学では低張という），生理食塩水（0.9％塩化ナトリウム溶液．0.9 g の NaCl を 100 mＬの蒸留水に入れる．生物学ではこれをヒトの体液と等張な液という．この場合，0.9 g の NaCl を 99.1 g の蒸留水に入れるのではない）および海水（溶けている物が多い濃い濃さの水．生物学では高張という）に入れます．赤血球を淡水に入れると赤血球の中に水が入り，赤血球は破裂し（溶血と言う），生理食塩水中では大丈夫で，海水中では赤血球の水分が奪われて収縮すると書いてあります．このことから哺乳類の細胞は，ある程度の濃さのある液体の中でないと生きていけな

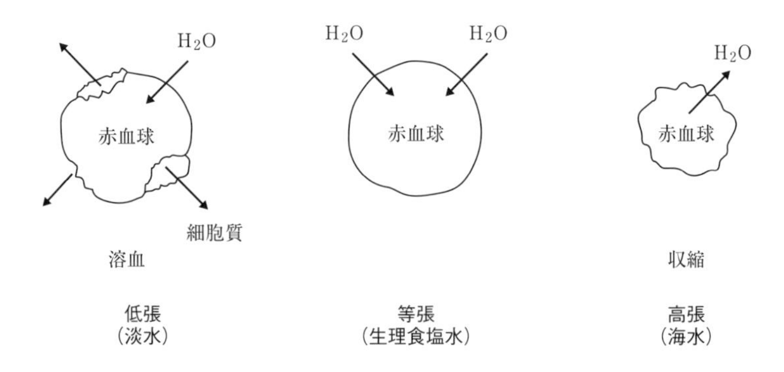

図１-２　浸透圧と細胞.
哺乳類の赤血球を溶けているものが少ない淡水（低張）に入れると，細胞内に水が入り，赤血球は破裂（溶血）する．生理食塩水に入れても変化はない．生理食塩水は細胞にとって適度なNaClが溶けている．溶けているものが多い（高張）海水に入れると，水分が奪われ，赤血球は収縮する．

い，ということがわかります．しかし高校生の私の思考はここで停止します．だからなんなの？　私たちが生きていく上でこれはどういうストーリーに発展するの？　我々は空気中に生きてるじゃん！　私って頭悪いの？　その後，何が重要なのかよくわからないまま，そういうものだと割り切り，大学の入学試験は生物学を選択して大学に合格しました．大学院生のとき，魚にホルモンを注射するとき，ホルモンは生理食塩水に溶かし，対照群には生理食塩水を注射していました．なぜ蒸留水ではなく，生理食塩水なんだろうかと考えました．そっか，蒸留水を魚に注射したら，赤血球が溶血してしまうんだ，と気がつきました．浸透圧については，あとで私なりの説明をしますね（**第８章**）．

ここまでは動物の生き方のストーリーがわからないと生物学は面白くないということを書いてきました．次は教科書には書いてないけど私が独自に考えた仮説（空想，ファンタジー）をひとつ紹介しますね．大学でヒトの女性の性周期について講義をしていますが，排卵後，卵細胞を取り囲んでいた濾胞細胞（医学系では，卵胞細胞あるいは卵胞上皮細胞）は黄体という細胞に変化し，この黄体が黄体ホルモン（プロゲステロン）をつくります．黄体ホルモンは弱い発熱作用がある，と教科書に書いてあります．実際，女性は排卵後体温が少し高くなり，月経時に体温は下がります．なぜ？　なぜ体温が変化する必要があるの？　黄体ホルモンが排卵後体温を上げる生理的意味についてはいろいろ調べましたが，その説明をしている本はありませんでした．私の考えた仮説は，体温上げることにより，細菌，ウィルスの感染を防いでいるのではないか，ということです．排卵後は，卵の受精，妊娠の可能性があります．また細菌，ウィルスは高温により増殖が抑制されることが知られています．実際，卵が受精して妊娠すると，黄体ホルモンが作り続けられ，妊娠中の女性では高い体温が維持されます．このようにして黄体ホルモンは母親の体温を上げ，胎児を感染から守っているのだ，と私は考えました．このような仮説はどの教科書にも書いてないけれど，私自身は，母が子を守る愛情というファンタジーだと考えています．体温調節のことはあとでまた説明しますね（**第3章**）．

世の中の人は生物学をどのように受けとめるのか，いくつかのタイプがあるかと思います．ひとつは教科書に書いてあることをそういうものとしてすなおに受けとめる優等生タイプ．もうひとつは意味もわからず覚えるのは苦痛だから生物学は嫌いというタイプ．私は生き物が好きで，前者のようにふるまおうとしてきましたが，そういつまでも我慢が続きませんでした．自分では素朴で重要な疑問点だと思うことがいくつかあっても，世の中では当たり前のことのように扱われ，みんなわかったようにふるまっています．しかし，私の疑問に答えてくれる本はあまりみつかりませんでした．大学教員になって大学で講義をするためにたくさんの生物学の本を買って読んでみると，長い間疑問に思っていたことが書かれている本に出合うことがあります．そのときはとてもうれしく，ほらみろ，私が疑問に思っていたことを重要なこととして書いてある本があるじゃないか，という気持ちになります．

この本では，動物のからだのかたち，しくみについてどのような意味があるのか考えながら説明をしていきたいと思います．次の章からは動物のからだがどうしてそういう形をしているのか，その形はどういうメリット，デメリットがあるのか，私の空想をまじえて説明をしたいと思います．

第２章　動物のかたちと大きさはもののやりとりと重力できまる

2-1　からだの外と中のものの移動

動物にはいろいろな形やいろいろな大きさのものがみられます．しかし，どんなかたちやどんな大きさにもなれるかというと，そうではありません．からだの内外の「もののやりとり」と「重力」が大きな制限要因となっています．

まずもののやりとりについてみてみましょう．動物は生きていくために必要なものを外から取り入れ，いらないものを外に出すことが必要です．そして外から取り入れたものはからだのすみずみまでいきわたらないといけません．それではこの物質の移動はどういう力で動くのでしょうか．

一番単純な物質の移動は「拡散（単純拡散）」です．これは真水と塩水を混ぜて長い時間おいておいたら，いつのまにか全体が均一な濃度の塩水になっている，ということで理解できるかと思います（図 2-1）．物質は濃いほうから薄いほうに移動する性質があります．またこのとき，外からエネルギーを与えなくても自然に混ざります．生き物がものを動かすのに使う最も省エネな方法です．

でも時間がかかるんです．もし動物が拡散だけでもののやりとりをした場合，どうなるでしょうか．酸素を例にあげて考えてみましょう．酸素は動物が生きていくために必要です．酸素が多いところから少ないところへと液体中を拡散する速さは，1 秒間に約 0.025 mm です（厳密には 0.002 mm^2/ 秒です．酸素が円形に広がるとすると，1 秒間に広がる円形の半径は約 0.025 mm となります．ここでは単純に酸素が直線的に進む速さと考えて話を進めましょう）．1 mm 移動するのに約 40 秒かかります．ひとつの細胞が生きていくのに酸素を拡散だけでまかなうとしたら，その大きさは 1 mm より小さくないとだめだそうです．細胞が 1 mm より大きいと酸素が細胞内にいきわたらず，細胞は死んでしまうそうです．実際，多くの細胞の大きさは一辺が 0.01 mm くらいの小さい

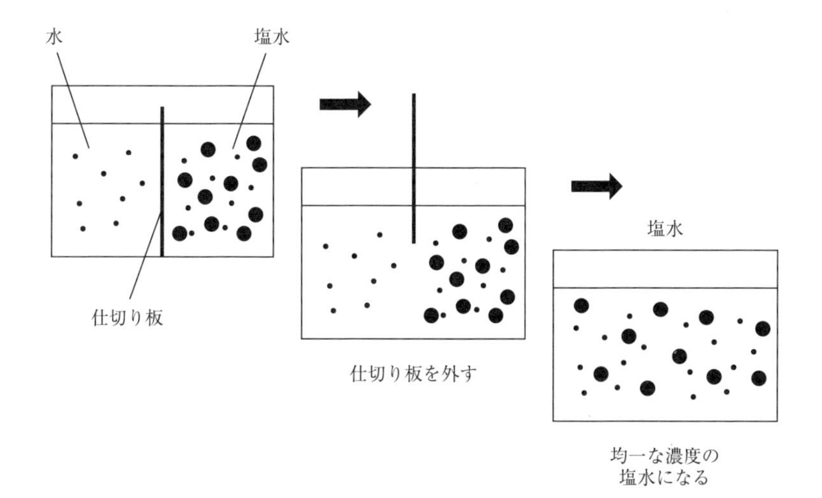

図2-1　物質の拡散.
水槽を仕切り板で半分に仕切り，左に水，右に塩水を入れる．仕切り板をはずして，時間がたつと塩水はまざり均一な濃度の塩水になる．外からエネルギーを与えなくても，塩は濃度の濃いほうから薄いほうに移る．これを拡散という．

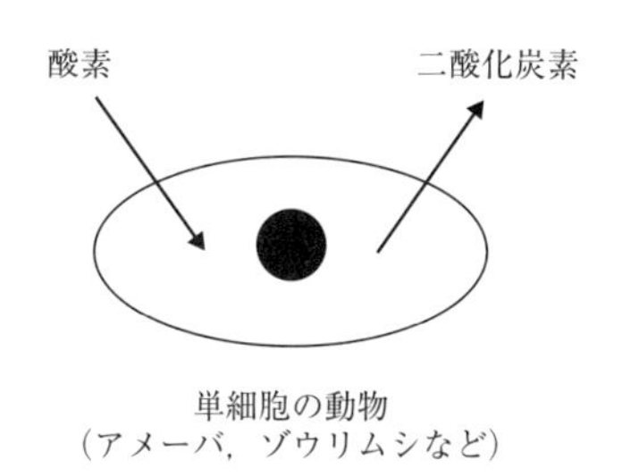

図2-2　単細胞動物のもののやり取り.
単細胞の動物はからだが小さいので細胞内外の拡散でもののやりとりができる．アメーバの長さは25～400μmくらい，ゾウリムシの長さは170～290μmくらいである．

サイコロのような形をしているので，酸素は拡散で十分細胞内にいきわたります．単細胞の動物はこれでＯＫです（図2-2）．

2-2 循環系と動物のからだの大きさ

それでは動物はこれ以上大きくなれないのでしょうか．そんなことはありません．0.01 mm より大きな多細胞の動物はたくさんいます．いくつかの細胞が集まってからだをつくっている多細胞生物はからだの表面積を増すという方法でもののやりとりをします．細胞がじゅずつなぎになった一層構造だと個々の細胞が拡散により外部から酸素を直接取り入れることができます（図 2-3）．ただしこういう動物は実際にはいません．さらに二層構造でも大丈夫です（図 2-3）．扁形動物のヒラムシ（体長 5 cm くらい，からだの厚さは 0.6 mm くらい）はこういう構造をしています．ヒラムシは呼吸器，循環器は持たず，からだの表面から拡散で酸素を取り入れています．また二層構造を維持した環状構造も大丈夫です（図 2-3）．刺胞動物のヒドラ（体長 1 cm くらい）はこういうやり方で酸素を取り入れています．それではヒトの場合はどうでしょうか？空気中の酸素が肺の中の肺胞という小さな湿った袋に達し，肺胞のまわりの毛細血管の血液内に拡散で溶け込みます．

前にも述べたとおり物質は濃度の高いほうから低いほうに移動しますから，地上の空気中の酸素濃度は高く，からだの細胞は血液中の酸素を使いますので，細胞が酸素を使った後の血液中の酸素濃度は低くなります．ですから空気中の酸素は血液中へと拡散により移動します．それでは血液に取り込まれた酸素はどのように全身にいきわたるのでしょうか．もし拡散だけで肺の酸素を 70 cm

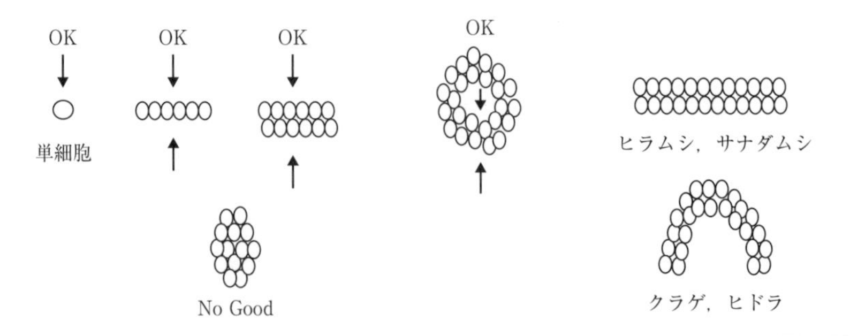

図2-3　単純なからだのつくりの多細胞動物のもののやりとり．
多細胞の動物でも，細胞が2層なら拡散でもののやりとりができる．

先の指先まで移動させるとしたら700時間以上かかってしまいます．肺が取り入れた酸素が指に届く頃には指の細胞は死んでいるでしょう．そこで多くの動物は循環系（循環システム）というポンプと管と体液からなるシステムをもつようになりました．ポンプとは言うまでもなく心臓です．酸素の体液への取り込みは1か所ないし2か所（肺または鰓およびカエルでは皮膚でも）で行い，酸素の溶け込んだ体液をポンプのいきおいで全身に送ります．体液を全身に循環させる循環系をもつようになって動物はからだを大きくすることができるようになりました．からだが大きくなり，動きも速くなると活動範囲が広まり，餌を捕りやすく，敵から逃げやすくなります．また循環系をもつことは，からだのなかでいろいろなはたらきを分業させることができます（**図2-4**）．肺や鰓で酸素を取り込んだら体液に運んでもらい，全身に供給し，全身でできた老廃物を体液に運んでもらい，腎臓で捨ててもらう，といったぐあいです．人間社会の道路と物流の関係に似ていますね．ものをつくる工場，食べ物をつくる農地，それらを使う場所，不要なものを廃棄・処分する場所などがありますね．人間社会では，物は道路の他に線路，空路，海路などがあります．このような物を運ぶ通り道（循環系）ができると人の社会も動物のからだも，いろいろな作業をすべての場所では行わず，地域あるいはからだの部位ごとの分業ができるようになってきます．無駄を省いて効率的に社会，からだを働かすということです．

少し動物のからだから話がそれますが，人の社会も動物のからだも，物の移動だけでは成り立ちません．情報の伝達システムが必須です．人では，手紙，有線の電話，無線の電話などがあります．それでは動物のからだの情報伝達システムはなんでしょうか？　それは神経系と内分泌系です．神経系は神経細胞が有線の電話のようなしくみで情報を伝えます．内分泌系では，内分泌器官がホルモンをつくり，そのホルモンを体液に運んでもらい，ホルモンが特定の細胞に情報を伝える手紙のようなものです．これらのことはあとで説明しますね（**第5章**と**第10章**）．

動物の循環系の存在により，からだの各部位のはたらきでできたものを迅速に全身に運搬することができるようになります．酸素，栄養が素早く全身に届きます．その結果，速く動けるようになります．しかし良いことだけではあり

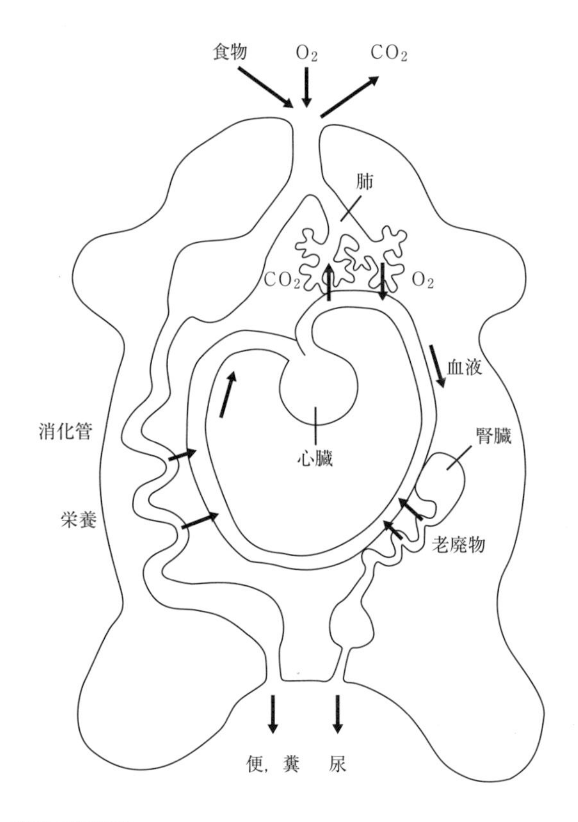

図2-4　動物の循環系.
心臓というポンプにより閉鎖血管系の動物では，血液が循環する．口から入った酸素は肺で血管内の血液に取り込まれ全身に運ばれる．全身でできた二酸化炭素は，血液の循環により肺に運ばれ，口から吐き出される．食べ物は消化管で消化，吸収され，血液の循環により全身に運ばれる．全身でできた老廃物は腎臓で濃縮され，尿とともに排出される．消化できなかったもの，消化管の死んだ細胞，消化管中の微生物は便，糞として排泄される．

ません．ポンプを使って物を移動させるには，拡散とは異なりかなりのエネルギーを使います．そう，燃費が悪くなるのです．たくさん食べ物を食べなければなりません．たえず食べ続けなければなりません．動物のからだはメリットがひとつできるとデメリットもひとつできることが多いようです．今の電気製品は省エネ型へと変化していますが，我々ヒトのからだは急に省エネ型に変えることはできませんね．しかし冬眠をする動物には，冬の餌のないときに体温を下げて省エネモードに体を切り替えられるものがいます．面白いですね．これもあとで説明しますね（**第３章**）．

2-3 細胞の外と中のもののやりとり

細胞内，細胞内外のもののやりとりには受動輸送，能動輸送，膜動輸送（エキソサイトーシスという排出とエンドサイトーシスという取り込み）（**図2-5**）があります．他に細胞内輸送という細胞内の物質の移動もあります．受動輸送には単純拡散（以下，本書では拡散と言った場合，単純拡散を指します）と促進拡散があります．拡散（単純拡散）は細胞膜の特定のところではなくどこでも通る物質の移動です．酸素，二酸化炭素，脂溶性の分子が拡散により細胞膜を通過します．促進拡散とは，細胞膜にチャネル（通路のこと）あるいはトランスポーター（担体とも呼ばれる）と呼ばれるタンパク質があり，特定の物質がチャネル，トランスポーターを通過することにより，単純拡散より物質の通過が効率的に起こります．以前は，水は拡散だけで細胞膜を通過すると考えられていましたが，アクアポリンという水専用のチャネルがあることが発見され，その研究にノーベル賞が与えられました．受動輸送（単純拡散と促進拡散）にはエネルギーは使われず，物質は濃度の高いほうから低いほうにしか移動しません．能動輸送，膜動輸送，細胞内輸送はいずれもエネルギーを使います．カルシウム，ナトリウム，カリウム，塩素などは促進拡散あるいは能動輸送で移動します．能動輸送では，エネルギーを使って，濃度の低いほうから高いほうへと物質を運ぶことができ，そのはたらきはポンプとも呼ばれています．話を酸素に戻しますが，残念ながら酸素の細胞外から細胞内および細胞内での移動は拡散だけです．このことは酸素をからだに取り込むのにエネルギーを使わないというメリットがありますが，酸素の少ないところでは，積極的に酸素を取り込むことができない，というデメリットがあるということになります．このことは**第７章**のコラムで少し触れますね．呼吸による酸素の取り込みについては**第７章**でもう少し説明します．

以上のように，からだの外と中のもの（酸素，栄養，老廃物など）のやりとりにはいろいろな方法（システム）があります．どのような方法を持っている

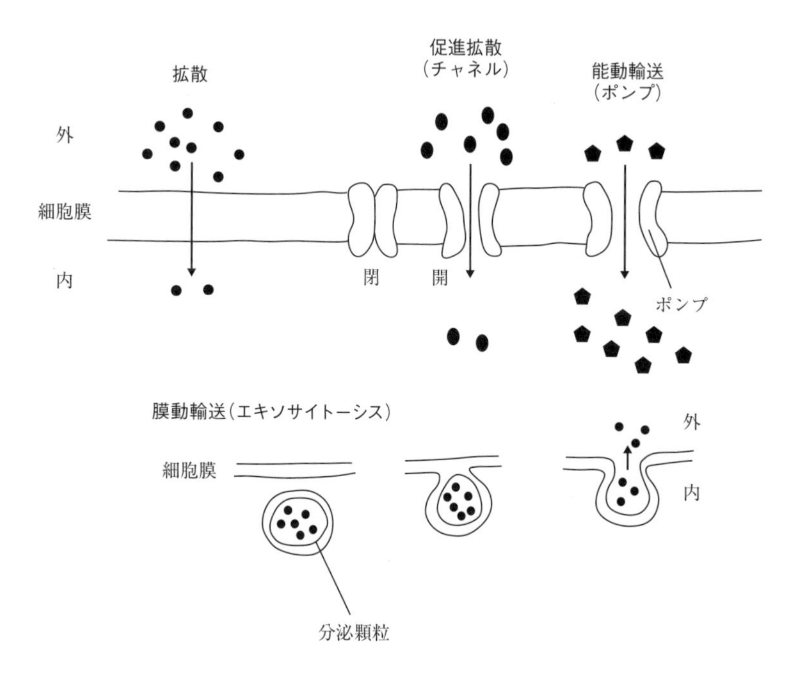

図2-5　細胞間のもののやりとり．
拡散（単純拡散）：細胞膜のどの部位でも通過する．濃度の高いほうから低いほうへ物質が移動する．エネルギーは使わない．促進拡散（チャネル）：濃度の高いほうから低いほうへ特定の物質だけがチャネル（通路）を通る．エネルギーは使わない．能動輸送：濃度勾配に関係なく特定の物質を通過させる．エネルギーを消費する．膜動輸送（エキソサイトーシス）：分泌物が含まれた顆粒の膜が細胞膜と融合し，顆粒内の物質が細胞外に放出される．エネルギーを消費する．

かによって，からだのかたち，大きさは制限されます．

次に動物のからだと重力の話をしますね．地球の陸上で一番大きい動物は，アフリカゾウです．体重が6~7トンくらいだそうです．4本の足で体重を支えています．重力にさからって4本の足で立っています．海にすむクジラは大きいもので190トンくらいあるそうです．ただしこの場合，水の中にいるので，自分の体重を支える必要がありません．それでは絶滅した恐竜はどうでしょうか．化石を見る限りゾウより大きく，体重も60トンあったと推定されているものが見つかっています．本当にこんな大きな体重の動物がいたのでしょうか．少なくとも現在はいません．脊椎動物の骨は主としてリン酸カルシウムでできています．無脊椎動物の殻は炭酸カルシウム（貝殻など）あるいはキチン質（昆虫の骨格など）で，リン酸カルシウムほど硬くありません．炭酸カルシウム，キチン質の骨格は足で踏んづけると簡単に割れます．リン酸カルシウムの骨は，足で踏んづけても割れないくらい硬いものが多いです．リン酸カルシウムの骨で，4 本の足で支えられる体重の限界は 10 トン前後と言われています．そうするとゾウが陸上動物で最大というのは納得がいきますが，恐竜の体重や骨はどうだったのでしょうか．これにはいくつかの解釈が考えられています．恐竜の体重を推定する計算が間違っていた．恐竜は現存の動物より硬い骨を持っていた．当時の地球の重力は今より弱かった．どれが正解か私にはよくわかりませんが，3 番目の解釈を思いついた人にとても魅力を感じます．ちなみに二足歩行のヒトの場合，体重 200 kg 前後が限界だそうです．お相撲さんでも体重が 200 kg を超えると腰や膝に負担がかかって腰や膝が悪くなることが多いようです．

コラム 1 プロレスラーのような大きなアメーバはいるか？

私が大学を移って動物生理学の講義を担当するようになったとき，そこの大学の教科書はアメリカで出版された生物学の教科書でした．講義のために予習をして動物のからだの大きさの制限要因のところを読んでいると次のような話が書いてありました．

「もしあなたがプロレスラーのような大きなアメーバ（単細胞動物）に襲われるような悪夢を見ても心配することはありません．現実的にはそういうことはありえないからです．アメーバはもののやりとりを主として拡散で行っているので，アメーバがそんなに大きくなることはありえません．」

私はこの教科書を読んで，2つの理由からうれしくなってしまいました．アメリカの生物学の教科書にはジョークが出てくるんだ．日本の教科書とはずいぶん違うなあ，となんだか解放感を味わい，うれしくなりました．またこれまで何冊もの生物学の本を読みましたが，それらの中には「プロレスラー」という言葉は，1度も見たことはありませんでした．あたりまえ？　私は大のプロレスファンで，私はこの教科書が大好きになりました．残念ながらこの教科書は新しい版になると，この部分の執筆者も変わり，プロレスラーという言葉はなくなっていました．残念という気持ちよりは，古い版に出会えたことに喜びを感じました．

コラム２　大きな細胞，長い細胞

細胞の中には 1 mm より大きな細胞はあります．卵生脊椎動物の卵細胞は 1 mm より大きなものがみられます．サケの卵のイクラは直径が 5 mm くらいあります．ニワトリの卵でいうと，黄身の部分がひとつの卵細胞です．白身はタンパク質です．殻は炭酸カルシウムでできています．トリの卵の殻はヒナを守るためにあるわけですが，この殻はあまり硬くありません．あまり硬いとヒナが中から殻を割って孵化することができなくなります．地球上で一番大きな細胞はダチョウの卵細胞（たまごの黄身の部分）です．その他に神経細胞には細く長い繊維があり，長いものは数 m 以上の長さがあります．これらの細胞がなぜ大きくても，長くても大丈夫なのか，興味のある人は自分で調べてみてください．

第３章　体温調節

3-1 温度をどう感じる？

我々が「あつい」と言ったとき，いくつかのパターンが考えられます．ひとつは天気（気温）が暑いとき．もうひとつは触ったものが熱いとき．それから自分の体温が熱いとき．その他にもハート（心）が熱いということもありますが，最初の 3 つは温度という数字で表せる客観的な「あつさ」で，最後の「熱さ」は主観的なものなので温度では表せません．手で触ったものが熱いときは，皮膚にあるルフィニ小体という温度感覚受容器が熱さを受けとめ，感覚神経が脳にその情報を伝えて脳で熱いと感じます．受容器は熱さを受けとめるだけで，実際に熱いと感じるのは脳なんです．ちょっとピンと来ないかもしれませんが，脳を麻酔すると手に熱いものをつけても脳は熱いと感じなくなります．その他の感覚も，受容器で刺激を受けとめて，それらを感覚神経が脳に伝えて，脳で明るさ，色，匂い，味などを感じます．感覚の話はこれくらいにして，ここでは，自分のからだの温度をどう調節しているのか説明しましょう．

3-2 外温動物と内温動物

動物は，体温の維持の仕方により，外温動物と内温動物に分けられます．以前は恒温動物と変温動物という分け方がありました．恒温動物というのは，体温が環境の温度に関係なくいつもほぼ一定で，変温動物とは，体温は環境の温度とほぼ同じ，という分け方でした．しかし恒温動物の中にも睡眠時や冬に体温を下げて省エネモードにできる動物がいます．また変温動物といってもある種のトカゲは日中ひなたとひかげを移動し，体温をほぼ一定に保っているそうです．もちろん夜は体温が下がりますが．このように体温が一定か変化するかという分け方では，動物によってはそぐわないことがあるので，自分で熱をつくれる動物を内温動物，体温が外部環境に依存している動物を外温動物と呼ぶようになりました．

3-3　体温をどうやって維持する？

それでは自分の体温をどこでどう感じているのでしょうか．脊椎動物の場合，脳の視床下部というところに温度センサーがあり，そこを流れる血液の温度で自分の体温を感じています．内温動物の場合は，脳で通常血液の温度を37℃くらいに保つような設定をしていますが，後で述べるように必要に応じて体温の設定を上げることができます．

体温に影響を与える要因としては環境の温度があります．ここでは陸上の内温動物（鳥類，哺乳類）について考えてみましょう．なぜだかわかりませんが内温動物の体温は進化の過程で37℃前後に落ち着いたようです．鳥類，哺乳類で通常の体温が37℃以外の動物というのは聞いたことがありません．この温度は多くの場合，外気温より高くなっています．ヒトの場合，気温が25℃前後で心地よく感じ，この温度で体温を37℃に維持するために絶えずエネルギーを使っています．それなら気温が37℃だったら体温を維持するエネルギーが要らないから省エネかというと，この温度では暑すぎて苦痛です．地球温暖化のせいか，最近日本でも夏に気温が37℃になることがあるので，気温が37℃というのは我々にとって具合が悪いというのはわかりますね．どうも内温動物の体温は進化の過程で，からだから熱が奪われることが前提となって設定されたようです．

1年中自分の好む温度で過ごせれば心地よいのですが，地球では季節と昼夜があります．はじめに外部環境温度が下がった時，すなわち寒くなったときのために動物がどんな対策をとっているのかみてみましょう．まずは自分の熱を逃がさないための断熱です．多くの内温動物は毛皮，羽毛をもっています．からだの表面に空気の層をつくり，からだの熱が逃げるのを防ぎます．発泡スチロールの箱の壁が空気を含んで断熱をするのと同じです．もっと寒くなると毛，羽毛を立てて空気の層を厚くします（立毛）．ヒトも昔は今よりも多くの毛がはえていて断熱効果があったと考えられます．実際胎児のある時期は全身に毛が生えているそうですが，出産から生後しばらくしてみな抜けてしまいます．現代人は衣類を身に着けるようになったせいか，毛が薄くなりました．それでも寒くなると立毛をします．いわゆる鳥肌です．鳥肌は昔の名残りで起こる立毛だそうです．ただし現代人の毛は濃さでは残念ながら立毛しても断熱効果はありません．その他に断熱のためには皮下脂肪を蓄えます．脂肪細胞の中には多くの脂肪が蓄えられ，脂肪細胞の層は断熱効果があります．

血管は全身をまわりますが，からだの表面近くを流れると血液の熱は放散されてからだの温度が下がります．この冷えた血液を暖める方法として血管の「対向流システム」というのがあります（**図3-1** の右の図）．からだの表面近くで冷えた血液が流れる静脈とまだ冷えてない血液が流れる動脈とを逆向きに並べることにより，冷えた静脈血は動脈血の熱で温められて心臓に戻ります．このようにしてからだの熱をからだの中で暖かい方から冷たい部分へ移動させ，熱をからだの中にため，からだ全体が冷えることを防ぎます．鳥の足の部分の

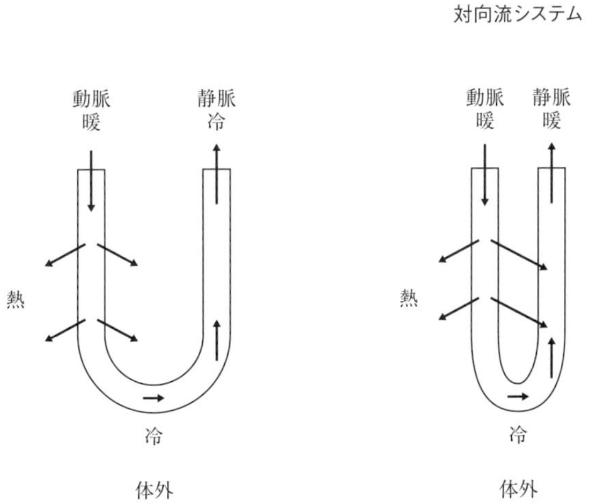

図3-1　血液の対向流システム．
動脈と静脈が離れていると，からだの先端で外気温により冷やされた血液はそのまま静脈を流れる．動脈の熱は静脈には移らない．動脈と静脈が接近している対向流システムでは，血液が外気温により冷やされても，動脈の熱により暖められて静脈にもどる．そのためからだが冷えにくくなる．体温維持のためのエネルギーの節約ができる．

血管が対向流システムになっています（図 3-2）.

この対向流システムは部屋の換気と暖房の効率化にも使われています（図 3-3）. 暖房をしている部屋の換気をするとき，せっかく暖めた空気をそのま

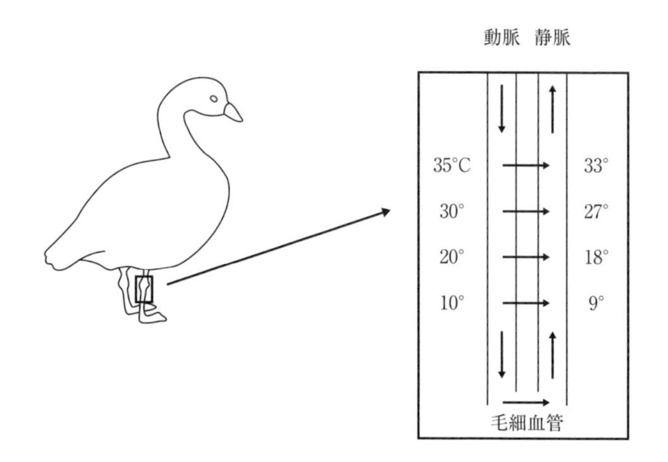

図３-２　鳥の足の血管の対向流システム.
鳥のガンの足の部分は羽毛がなく，外気温で冷やされるが，血管の対向流システムにより足からからだにもどる静脈の血液は動脈の熱により暖められ，からだ全体が冷えないようになっている.

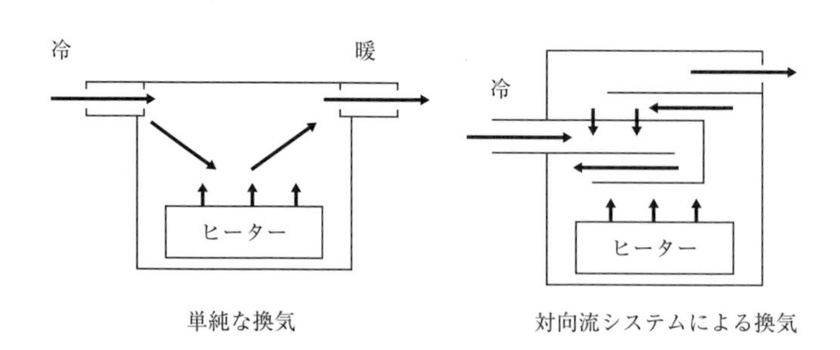

図３-３　部屋の換気の対向流システム.
左：単純な換気では，外から冷たい空気を取り込み，暖めた空気を出してしまう. これでは暖房の効率が悪い.
右：対向流システムでは，外からの冷たい空気を排気する暖かい空気で温めてから室内に入れる. そのため暖房の効率がよくなる.

ま外に捨てては熱がもったいないので，外から取り入れる冷たい空気を外に排出する空気の熱で温めてから室内に入れます．そうすると，外から部屋に入ってくる空気は冷たくないので，暖房のためのエネルギーが節約できます．

内温動物特有の寒さ対策としては，熱の産生があります．寒くなるとからだがふるえますが，これは筋肉を動かして熱を発生させているのです．またからだの中の褐色脂肪細胞は寒いときに脂肪を分解して熱を発生させます．あとこれは自分のからだの中からの熱の発生ではありませんが，ヒトは手をこすりあわせて摩擦熱でからだを温めることもします．

この他に，寒さ，熱さの両方に対応するしくみがあります．そのひとつに血管の太さの調節があります．寒いときは，からだの表面近くにある血管を収縮させて細くすると血液の流れが減り，熱はとどまります．逆に暑いときは血管を拡張して血流量を多くすると，血液の熱は体外に放散されます．またヒトでは血液をどこの部位の血管に流すかという方法で，体温を調節することができます．多くの動脈はからだの中心部分（深部）を通っています（**図3-4**）．腕と脚にはからだの深部を通る静脈とからだの表面近くを通る静脈があります．深部の静脈は動脈と対向流のしくみになっています．寒いときは血液を主にからだの深部にある静脈に流します．そうすると対向流システムで熱はからだにとどまります．一方，暑いときには血液を体表近くにある静脈に流します．そうすると熱が放散され体温が下がります．うまくできていますね．

血管の収縮，拡張および血液をどこの静脈に流すか，という調節は，脳の視床下部で自分の血液の温度を感じ，自律神経系によって調節されています．自律神経系についてはあとで説明しますが無意識に働いてくれます（**第5章**）．いちいち大脳皮質で考えて血管の太さ，血液の流れを調節しているわけではありません（ただしヒトが手をこすって摩擦熱を起こすのは意識的です）．

それでは暑いときに特化したしくみはどんなものがあるでしょうか．ヒトでは汗をかくことです．汗が蒸発するときに気化熱が奪われ，体温が下がります．ゾウが鼻で水を吸って水浴びをするのは，水で体温を下げるのと，水の蒸発の気化熱で体温を下げるのと両方の意味があるそうです．動物の中で汗をかける動物はそれほど多くありません．汗をかいて体温を下げるのは，ヒト，ウマ，カバなどで，イヌは汗をかけません．汗をかけない動物は，暑いときはあえぎ

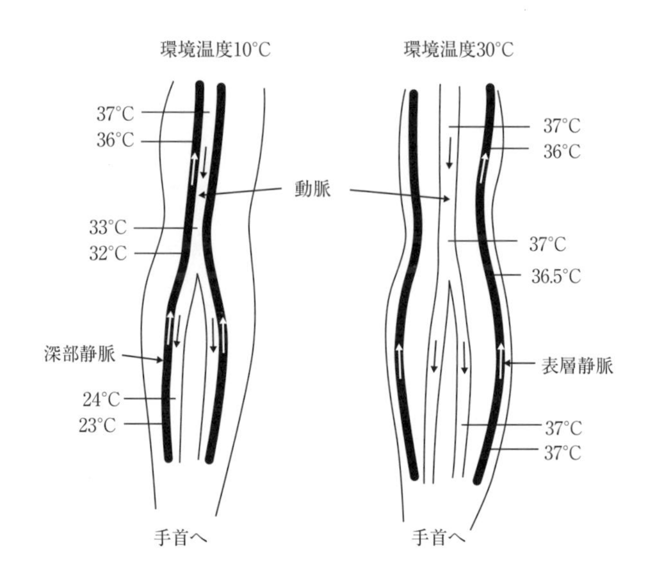

図３-４　ヒトの腕の血管の対向流システムによる体温調節の模式図.
左：環境温度が10°Cのときは，血液を深部静脈に流し，動脈との対向流システムで体温の低下を防ぐ.
右：環境温度が30°Cのときは，血液を表層静脈に流し，熱を皮膚から放散し，体温を下げる.

呼吸といって，口から吐く息の水分の気化熱で体温を下げます.

その他に体温を維持する方法としては行動があります．ひなた，ひかげに移動したり，回遊，渡りなどにより，気温の異なる地域に移動する動物もいます.

ここまでは体温を通常の温度に維持する方法について説明をしてきました．ここまでの説明で気がついた人がいるかもしれませんが，内温動物は体内の化学反応で熱をつくってからだを暖めることはできますが，自分で自分の体温を直接下げるしくみはもっていません．我々にはヒーターのしくみはあるのですが，クーラーのしくみはもっていないのです．体温を下げるには汗の気化熱，皮膚からの熱の放散，といった方法しかありません．また熱の放散は熱帯地域の気温が体温より高いところでは起こりません．なんて残念なんでしょう！　地球の歴史の中で自分のからだの中で熱をつくって体温を維持することができる内温動物が出現したのは画期的なことだったと思われますが，あと何億年かしたら，体温を下げられる動物が出現するでしょうか？　現在，内温動物は鳥類と哺乳類だけですが，絶滅した恐竜も内温動物だったと考えられています．

次に説明するのは体温を変えるしくみについてです．ここまでは体温を一定に保つ話をしてきましたが，次の話は体温を変える，すなわち上げる話です．これもやはり自律神経系により無意識に起こります．

3-4 体温を変える（上げる）

ヒトは細菌（バクテリア）やウィルスに感染して病気になると熱が出ます．インフルエンザウィルスに感染すると40℃近くの熱が出て，頭痛がして，からだがだるくなりとても辛くなりますね．この発熱は，細菌やウィルスなどの病原体が我々の体温維持機構を乱しているのではないかと考えますよね．いわゆる病原体が我々のからだに悪さをしているのではないかと．私もずっとそう思っていました．しかし，実際はそうではありません．我々は病原体に対抗するために自分で必死に体温を上げているのです．我々のからだは，進化の過程で細菌，ウィルスは体温が上がるとその増殖が抑制されるということを学びました．そして体内に細菌，ウィルスが侵入するとそれらの増殖を抑えるために自分で体温を上げているのです．体温は下げることはできないのですが，ヒーターをフル稼働させて体温を上げることはできるのです．病原体がからだの中に入ると白血球（白血球にはいろいろな種類がありますが，好中球という白血球が最初に細菌感染に対応します．）がそれを感知します．白血球は細菌の表面にあるリポ多糖（内毒素，エンドトキシンとも言う）を認識してインターロイキン1というタンパク質を作り，血液中に放出します．このインターロイキン1が脳の視床下部に達するとそこでプロスタグランジンE_2という物質が産生されます．このプロスタグランジンE_2（図3-5）が視床下部の体温調節中枢にはたらき体温を上昇させます．視床下部は，自律神経系を介して全身で熱をつくる指

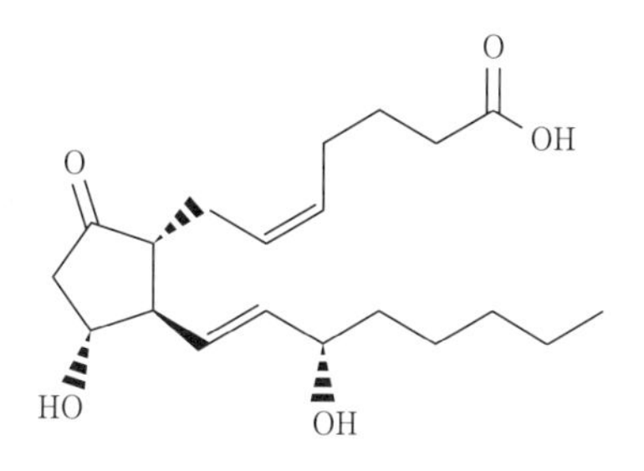

図3-5　プロスタグランジンE_2.
発熱，発痛を起こす.

示を出します．血管の収縮，筋肉の震え，脂肪の分解などです．またプロスタグランジンは発熱を起こす物質ですが，全身ではけがをした時にその部位で産生される発痛物質としても知られています．

現代のように薬が発達していなかった昔は，自分の熱で病原体に対抗して自分で病気を治すか，病原体に負けて死んでしまうかのどちらかだったのではないでしょうか．今は，解熱鎮痛剤という薬があります．市販の解熱鎮痛剤のアスピリン，タイレノール，イブの主成分は，それぞれアセチルサリチル酸，アセトアミノフェン，イブプロフェン（**図3-6**）で，どれもプロスタグランジンの合成阻害剤です．また筋肉痛などに用いられる湿布薬のトクホンとサロンパス，バンテリンの主成分はそれぞれサリチル酸メチル，インドメタシン（**図3-6**）でこれらもプロスタグランジンの合成阻害剤です．細菌による感染症で発熱した場合，解熱剤を飲んで体温を下げたら，確かにからだは楽になりますが，細菌が増えてしまうのでは，と思います．しかし現代には良い薬があります．抗生物質です．抗生物質は細菌の増殖を抑制する物質で，細菌とヒトの細胞の構造，活動の違いをもとに，ヒトに害を与えずに細菌だけをやっつける薬

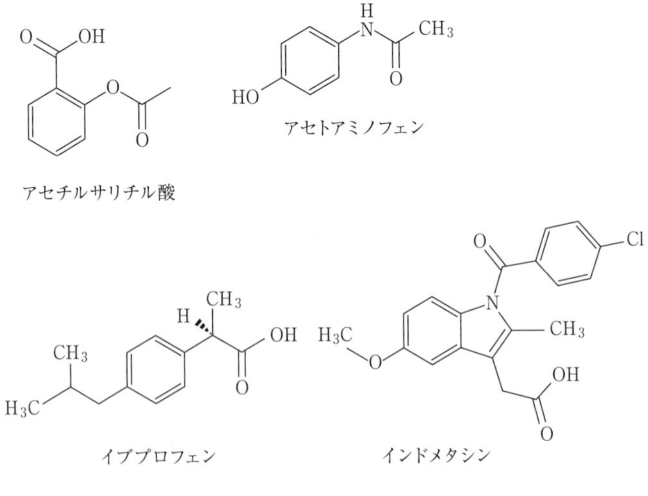

アセチルサリチル酸　　アセトアミノフェン

イブプロフェン　　インドメタシン

図3-6　プロスタグランジンの合成阻害剤.
プロスタグランジンの合成を阻害し，発熱，発痛を抑制する.

です．ですから細菌感染症の場合は解熱剤と抗生物質で治療がなされます．
ただし抗生物質は風邪やインフルエンザには効きません．風邪もインフルエンザもウィルスによる病気ですから抗生物質は効きません．ウィルスによる感染症はインフルエンザのように解熱剤を飲んで自然治癒を待つ場合もあれば，抗ウィルス剤を使って治療をする場合（ヘルペス，エイズなど），あるいは新型コロナウィルスのように対応が難しい場合があります．詳しいことは省きますが，特定のウィルスに対するワクチンが開発されればそのワクチンの予防接種により，ウィルス感染症の病気を予防することができます．現在では，ポリオ，おたふくかぜ（流行性耳下腺炎），はしか（麻疹），三日はしか（風疹），インフルエンザなどのウィルスのワクチンが開発されています．このワクチンをからだに注射することによりからだの中に病気を起こすウィルスに対する抗体ができます．その結果，ウィルスに感染してもこの抗体がウィルスをやっつけてくれるので病気は発症しません．細菌感染の病気に対してもワクチンを注射して予防をすることがあります．ジフテリア，百日咳，破傷風は細菌感染による病気ですが，これらのワクチンの接種により，体内にこれらの細菌に対する抗体をつくり，細菌の感染・発症を予防します．ここで重要なことは，ひとつの病原体に対する抗体は，その病原体にしか効果はなく，他の病原体には効果がありません．これを抗体の特異性と言います．したがって病気の種類ごとにワクチンを接種する必要が出てきます．めんどうくさいですね．現在，細菌感染に対しては抗生物質による治療とワクチンによる予防を行いますが，ウィルスに対しては，主としてワクチンの接種により，病気の予防を行っています．
話をプロスタグランジンに戻しますね．プロスタグランジンは発熱発痛を起こす悪者かというとそうとも言えません．胃では粘膜をつくるのに重要なはたらきをしています．鎮痛剤を長期間飲み続けると胃潰瘍になることがあります．鎮痛剤が胃のプロスタグランジンの合成も抑制してしまい，胃の内面の粘液ができなくなると胃酸が胃壁にダメージを与え，胃潰瘍になります．鎮痛剤には大きく2種類あり，非ステロイド性抗炎症薬の鎮痛剤とアセトアミノフェンを主成分とした鎮痛剤です．前者は胃のプロスタグランジンの合成も抑制してしまうので，長期間の服用は胃潰瘍を誘発する可能性があります．一方，アセトアミノフェンの鎮痛剤では胃のプロスタグランジンの合成は抑制されず，胃潰瘍にはならないそうです．鎮痛剤を買うときは成分を見てから買う必要がありそうです．同じプロスタグランジンの合成阻害剤なのになぜ作用が異なるのか興味のある人は自分で調べてみてください（無責任ですみません）．子供はよく熱を出しますが，私の娘が2歳の時，熱を出して具合が悪くなりました．小児用の解熱剤を飲ませるとしばらくして熱が下がり，元気にはしゃぎまわり始めましたが，薬が切れるとまた熱が出てぐったりしました．そこでまた薬を飲ませると元気に動き回ります．この時は本当に薬の効果がはっきりと表れました．また薬で抑えているということは病気が治ったということではない，ということもわかりました．

一方，けがをして炎症が起こったとき，激しい運動をしたあとにからだに痛みを感じます．これもプロスタグランジンが痛み受容体に作用して，脳で痛みを感じているわけです．ですから鎮痛剤によって痛みは減少します．ただし痛みが減ったからといって炎症が治ったというわけではありません．治療のために休養をとることが大事です．痛みとは本来，今，あなたのからだのこの部位で困ったことが起こってますよ，ということを自覚させる注意喚起のシグナルの意味をもつものと私は考えています．もし痛みがなかったら多くのけが，病気の対処が手遅れになるでしょう．多忙な現代では，多少の痛みは鎮痛剤で抑えて仕事，受験，試合をすることがあると思いますが，からだをいたわることも大事ですね．

3-5　女性の体温と男性の体温

体温の話に戻りますね．前の章で少し述べましたが，体温を上げる作用のある物質として黄体ホルモン（プロゲステロン）があります．女性では性周期に伴い体温が変化しますが，そもそも女性の方が男性より基礎的な体温が高いようです．いくつかの医学書を調べたのですが，女性の体温については書いてあるのですが，男性の体温については書かれていません．女性の体温は性周期とともに変化しますが，男性の体温はどうなんでしょうか？　こういう疑問は誰ももたないのでしょうか？　私はとても気になりました．私って変？　そこで私は講義を受けている男女の学生に依頼し，承諾を得て基礎体温を1か月間測ってもらいました．体温を細かく測れるデジタル婦人体温計をたくさん買ってきて学生に配り，毎朝目が覚めた時，活動前に寝床の中で体温計を口にくわえてもらい，基礎体温を測ってもらいました．ちなみに婦人体温計を買うと専用のグラフ用紙が付いていて，記録がしやすくなっています．女子学生の排卵前の体温は36.0~36.5℃でした．私も学生と同様自分の基礎体温を1か月測ってみました．驚いたことに私の基礎体温は35.5~36.0℃で明らかに女子学生の体温より低い値でした．当時私は40歳代でしたので，最初は年を取って基礎体温が下がったのではとかなり落ち込みました．ところが1か月して男子学生のデータをみるとやはり35.0~36.0℃でした．このとき私はヒトとして枯れてしまったわけではない，と安心しました．検体数が少ないので断定はできませんが，男性の基礎体温は排卵前の女性の基礎体温より低いようです．血液中の黄体ホルモン濃度について調べてみると，男性と排卵前の女性ではそれほど差がないのに，基礎体温は女性の方が高いと報告されています．この性差が何に由来するのかよくわかりません．またその意味もちょっと思いつきません．黄体ホルモン以外の要因で男性より女性の基礎体温の方が高いという生物学的な調査結果は自分なりに新発見だと思い，感動しました．しかし一部の学生からはこの調査は評判が悪く，1回でやめました．それでもこの時得られたデータは貴重なデータとして毎年講義で使っています．また，この本を書いているときにあるお医者さんから面白い話を聞きました．男性と女性の基礎体温の違いは，黄体ホルモン以外の要因による可能性が高い，とのことでした．前述のように男性と排卵前の女性の血液中の黄体ホルモン濃度に差はありません．さらに閉経後の女性の基礎体温も，やはり男性の基礎体温より高いとのことです．またその生物学的意味もわかりません．女性と男性では皮膚血流や発汗量の違いがあります．女性では男性と比べて，四肢の皮膚血液量が多く，皮膚の体温が高い，また温熱性発汗が少ないことから体温が下がりにくい，ことが知られています．これらの要因で女性の体温が男性より高いのではないかと考えられていますが，まだ詳細はわかっていません．小さい子供がお父さんよりお母さんに抱っこされたがるのは，女性の方が皮下脂肪が多くて，からだが柔らかく，抱かれ心地がよいということに加えて，この微妙な体温の違いもひとつの理由かもしれません．

コラム３　動脈と静脈

多くの動脈はからだの深いところにあり，静脈はからだの深いところと表面に近いところにもあります．ただし首，手首などはそれ自体が細いので，動脈も比較的浅いところにあります．どちらの血管も外から傷をして破れると体外に血液が出ます．出血です．動脈は心臓から出た血液が流れていますので，いきおいよく流れています．もし動脈がからだの表面近くにあったら，ちょっとしたけがで大出血が起こります．それを避けるために動脈はからだの深部にあります．一方，静脈の中の血液は全身の細い毛細血管を通ったあとの血液で，いきおいはとても弱くなっています．ですからけがで出血しても，動脈のような大出血にはなりません．けががひどいとき，傷が深くて動脈にまで達している，というような言い方をするのはこういうことです．ちなみに皮膚は一番外側のうすい表皮とその下の丈夫な真皮からできています．表皮には血管はきていません．表皮の細胞は，もののやりとりは真皮との拡散で行います．真皮には細い血管が来ています．かすりきずでは血が出ませんが，もう少し傷が深いと，すなわち傷が真皮まで達すると出血します．

コラム４　からだが冷えるとなぜおしっこをしたくなるのか？

ヒトではからだが冷えるとおしっこがしたくなります．みなさんも経験があるかと思います．からだが冷えるとからだの中で熱をつくる反応が起こります．このときからだ全体の比熱が小さいほうが効率よくからだが温まります．ヒトのからだ全体の比熱は 0.83 と言われています．水の比熱は 1.0 です．水はからだの中でも比熱が大きいのでからだの中の水分が多いほど，体温を上げるのにエネルギーが必要になります．そのためからだの中の水を捨てることにより，より効果的に体温を上げることができるようになります．そこで尿というかたちで水を排出し，からだ全体の比熱を小さくして，早くからだが暖まるようにするんですね．

コラム5 昼夜，夏冬，緯度と体温

内温動物の中でも自分の体温を下げて省エネモードに設定できる動物がいます．鳥類のコガラ，ハチドリの仲間では，夜間には体温をそれぞれ 10℃，25℃に下げてエネルギーの節約を行っています．すなわちからだのヒーターを弱めて，あるいは止めて，熱を作るエネルギーを節約します．クーラーを使うわけではありません．前述のように内温動物にはヒーターはありますが，クーラーはありません．哺乳類のコウモリは夜行性で，昼間眠っているときは周囲の気温と同じ温度まで体温を下げてエネルギーの節約を行っているそうです．その分，食べ物が少なくてすみます．残念ながらヒトは低体温には弱く，からだの中心部の体温が 35℃以下になると気を失ってしまい，それ以下では危険な状態になるそうです．

冬眠をする哺乳類，たとえばある種のリスでは体温を 1~2℃まで下げ，エネルギーの節約を行い，餌のない冬をのりきるそうです．私が留学をしていたカナダのアルバータ大学（エドモントン市）は，冬の気温がマイナス 20℃の日々が 3 か月ほど続く寒い地域にあり，生物学科ではその地域に生息するリスの冬眠について研究をしている研究者がいました．人工的にリスを冬眠させるのは簡単で，リスを冷蔵庫に入れるとリスは冬眠状態に入るそうです．冷蔵庫で冬眠したリスを室温に戻すとしばらくして冬眠から醒める，という面白い方法で研究をしていました．この方法だと 1 年中いつでも冬眠の研究ができるそうです．ちなみにリスやネズミの体温は，肛門に棒状の温度計を差し込んで測っていました．

私は同じ建物の中で，キンギョの産卵行動の研究をしていました．キンギョの産卵は通常春だけですが，飼育室の水槽の水温を暖かくして，日長時間を長くして，さらにホルモンを使うと，1 年中好きな時にキンギョが産卵行動をしてくれます．そうして外はマイナス 20℃の冬でもキンギョの産卵行動の研究を行うことができました．野外での研究は 1 年に 1 回しか観察できないこともあります．しかしそれでは研究が何年にもわたってしまいます．研究者は皆，効率の良い実験方法を考えるものなんですね．

内温動物の熱産生量はほぼ体重に比例し，放熱量はほぼ体表面積に比例するとことが知られています．このことは，熱産生量は体長の 3 乗に比例し，放熱量は体長の 2 乗に比例するということです．これはどういう意味かというとからだが大きいほど，熱が奪われにくい，言い換えるとからだが小さいほど熱が奪われやすい，ということになります．その結果として寒い地域（高緯度）のものは大型の動物が多く，熱い地域（低緯度）の動物は小型でも生きていける，ということです．実際に熱帯では多様な大きさの動物がみられますが，極地地方では小型の動物はみられません．この考え方はドイツの生物学者ベルクマンにより発表され，ベルクマンの法則と呼ばれています．

コラム６　体温を下げておく

哺乳類の体温は基本的に37℃前後ですが，からだのある部位で体温を少し下げておく必要がある器官があります．それは雄（男性）の精巣（睾丸）です．なぜだかわかりませんが，精巣における精子形成は37℃では温度が高すぎてうまくいきません．卵巣と違って精巣はからだの中にあるのではなく，体表に位置しています．精巣の入っている袋の陰嚢では熱を放熱することにより，体温は34~35℃となっています．また陰嚢にしわが多いのは表面積を増して放熱しやすくするためです．さらにヒトの男性の陰嚢は左右で高さが少し異なるそうです．これは熱の放散を効率よくすること，衝撃を受けた時に２つの精巣がぶつからないようにするため，と考えられているそうです．私は男性ですが，精巣の高さの違いは知りませんでした．上から見ても自分ではわかりません．人に見てもらうのは恥ずかしいので，今度鏡にうつしてみてみます．

第４章　ヒトの栄養と消化・吸収

4-1　動物はどうやってエネルギーを得る？

ヒトは生きていくために外から食べ物を取り入れないと生きていけません．取り入れた食べ物の使い道は，活動のためのエネルギー源，からだの構成成分あるいは生体内の化学反応の調節などです．物を食べなければ力が出ない，というのはなんとなく感覚的にわかりますよね．それではここで少しエネルギーについて考えてみましょう．

皆さんはエネルギーというとどんなことをイメージしますか？　エネルギーはいろいろな形で存在します．エネルギーには，熱，光，運動，電気，位置，音，化学エネルギーなどがあります．これらの中で我々が生きていくために利用できるエネルギーはどれでしょうか？　太陽のもとで，あるいはストーブのそばで熱を受けるとおなかがいっぱいになりますか？　熱エネルギーは体温を維持する助けにはなりますが，我々の活動のためのエネルギーとしては使えません．光エネルギーはどうでしょうか．植物は光エネルギーを使って光合成を行い，グルコース（ブドウ糖）をつくることができます．そしてグルコースを分解して自分の活動のエネルギーとして使うことができます．植物は光エネルギーを化学エネルギーに変えることができます．しかし我々はどんなに光をあびても我々の活動のエネルギーとしては使えません．ここにあげたエネルギーの種類で我々が使えるのは化学エネルギーだけなんです．知ってましたか？

では化学エネルギーってなんでしょうか？　まずエネルギーの単位についてみてみましょう．代表的なものはカロリー（calorie 略号は cal）あるいはジュール（joule 略号は J）です．1 cal とは 1 g の水の温度を標準大気圧下で 1℃上げるのに必要なエネルギーを意味します．1 cal は 4.184 J です．カロリーは日常的にも見聞きすることがありますよね．そう，食べ物のパッケージをみるといろいろなことが表示されていますが，その中にカロリーが表示されています．

これはその食べ物の化学エネルギーの量を表しているんです．言い換えると食べ物というのは，その中にエネルギーが化学エネルギーというかたちで閉じ込められているんです．そしてこの食べ物を食べて，そこに含まれていた化学エネルギーを我々はからだの中で熱エネルギー，運動エネルギーなどに変換しているんです．特に糖類，脂肪を分解した時にエネルギーがたくさん得られます．エネルギーの種類はいろいろありますが，我々が利用できるのは，食べ物，それは化学エネルギーだけなんですね．ただしガソリンスタンドで売っているガソリンには化学エネルギーが閉じ込められていますが，我々はガソリンの化学エネルギーは使えません．動物には同じ化学エネルギーでも使えるものと使えないものがあります．言い換えると使える化学エネルギーを食べ物と呼んでいるわけです．そして食べ物をたくさん食べて，食べ物に含まれる化学エネルギーの量より，自分で使うエネルギーが少ない状態が続くと，余分なエネルギーはグリコーゲンあるいは脂肪というかたちの化学エネルギーとしてからだの中に蓄積されていきます．つまり太ります．そういうことなんです．この他，食べ物はエネルギーとして使われるだけでなく，からだの構成成分（筋肉，骨，軟骨などをつくる），からだの中の化学反応の調節（ビタミン，ミネラル，酵素，ホルモンなどによるはたらき）にも使われます．

この章では消化・吸収についての概略を説明しますが，細かいことは生物学の教科書をみてください．ここでは私の考えている消化・吸収の意味について説明したいと思います．

食べ物はいくつかの栄養素に分けられます．いろいろな種類のアミノ酸がつながってできているタンパク質，いろいろな種類の単糖がつながってできている炭水化物（多糖類），グリセロールと脂肪酸からなる脂肪，ビタミン，ミネラルが主な栄養素で，ここまでを五大栄養素と呼んでいます．タンパク質にはいろいろな種類がありますが，それはつながっている種々のアミノ酸の順番（配列）とつながっているアミノ酸の個数でタンパク質の種類，性質がきまります．多糖類の種類は，つながっている単糖の種類とその個数で多糖類の種類，性質がきまります．脂肪の種類はグリセロールに結合する脂肪酸の種類で脂肪の種類がきまります．

最近は，上記の五大栄養素に食物繊維を加えて六大栄養素とすることもあります．植物のセルロースはグルコースが結合してできた多糖類です．同じグルコースが結合したでんぷんは我々のからだの中で分解でしてエネルギーとして活用できます．しかしセルロースの場合のグルコースの結合の仕方がでんぷんの場合とは異なり，ヒトのもつ消化酵素はその結合を切断することができません．したがってセルロースはエネルギーにはならず，そのまま排泄されます．トウモロコシやニラをたくさん食べた時は，翌朝トイレでその確認ができるかと思います．しかしエネルギー，からだの構成成分，化学反応の調節のためのはたらきはなくても，植物の繊維は腸の働きを活発にするということで，ひとつの栄養素と考えらえるようになってきました．なお我々が生きていくには上記の栄養素の他に，水と酸素が必要です．しかしこの2つについては，特に栄養素という呼び方はしていません．

4-2 食べ物の分解

食べ物を化学的に分解する消化酵素は，だ液，胃液，すい臓から分泌されるすい液，小腸から分泌される腸液に含まれ，タンパク質はアミノ酸に，炭水化物はグルコース（ブドウ糖），フルクトース（果糖），ガラクトースなどの単糖に，脂肪はグリセロールと脂肪酸に分解されます．それではなぜ食べ物の大きな分子は小さな分子に分解されるのでしょうか．いろいろな意味が考えられます．そのひとつの理由として，小さくないと腸の細胞の細胞膜を通り抜けることができないからです．栄養素が消化管の細胞膜を通過することは，消化の次のステップである吸収の第1段階です．大きい分子のままでは細胞膜を通り抜けられません．膜を通り抜けるくらいまで小さくしないと（分解しないと），食べ物は吸収できないということです．より具体的には，小腸では分子量600以下のもの，大腸では分子量300以下のものが細胞膜を通過して吸収されるそうです．

私が学生の頃は，タンパク質は消化酵素で分解されてひとつのアミノ酸になって吸収されると習いましたが，最近の研究では，アミノ酸が2個，3個つながった状態でも腸の細胞膜を通り抜け，吸収されるとのことです．細胞内に吸収されたアミノ酸は細胞の反対側の膜を通り抜け出て，近くにある毛細血管

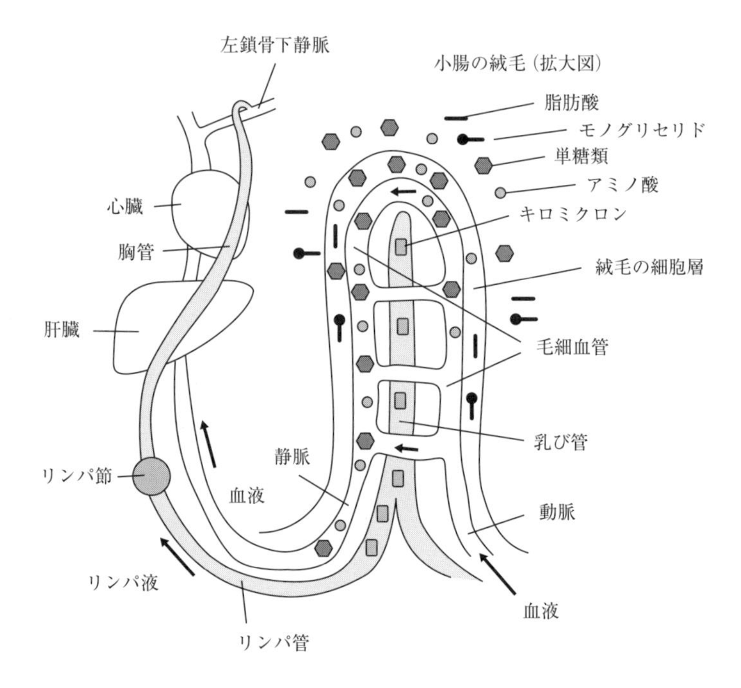

図4-1　小腸の絨毛における栄養素の吸収.
アミノ酸，単糖類は小腸の絨毛の細胞に吸収され，毛細血管に放出され，血液の中に入る．そして静脈をとおって肝臓に送られる．脂肪は，小腸内で脂肪酸とモノグリセリドに分解されて，絨毛の細胞に吸収され，細胞内でキロミクロンとなる．キロミクロンは乳び管に放出され，リンパ液の中に入る．そしてリンパ管，胸管をとおり，胸管は左鎖骨下静脈に合流し，リンパ液は血液と混ざる．

の壁を通り抜けて毛細血管の血液の中に流れ込みます（**図4-1**）．そして血液に運ばれて肝臓を経て全身へと分配されます．単糖も同じ経路をたどります．脂肪酸とグリセロールは細胞内に吸収されるとキロミクロンという形に再構成され，反対側の細胞膜から膜動輸送により細胞を出て，毛細血管ではなく，乳び管と呼ばれる細いリンパ管に流れ込みます（**図4-1**）．そしてリンパ液によって運ばれ，胸管と呼ばれる太いリンパ管を経て，このリンパ管が鎖骨下大静脈に合流することにより，キロミクロンは全身に分配されます．このように消化の第１の意味は，食べ物の分子を小さくして吸収しやすくすることです．

4-3 食べ物を消化する意味

次に私の考える消化の意味についてさらに2つほど説明をします．このことはどの生物学の教科書にも書いていないのですが，私は食べ物の消化には次のような意味があると考えています．そのひとつは，大きな分子を小さな分子にして「部品化」することです．豚の筋肉のタンパク質（ミオシン，アクチンなど）のアミノ酸配列はヒトの筋肉のタンパク質のアミノ酸配列と似てはいますが，同じではありません．どちらもアミノ酸という共通の部品を使っていますが，できあがったタンパク質は異なります．豚の筋肉のタンパク質をアミノ酸に分解すると，これはヒトのタンパク質をつくるための部品として使えるようになります．これは豚の筋肉のタンパク質に限らず，魚肉タンパク質，大豆タンパク質を分解してもアミノ酸という部品ができます．植物のデンプンや多糖類は単糖がつながったものですが，これを消化により単糖にすれば，ヒトはそれをエネルギー源として使いますが，その他に部品としてヒトのからだに必要な多糖類に作り直します．脂肪も同様です．たとえで言うと，トヨタの自動車のテールランプの電球は，電球が設置されている状態ではニッサンの自動車のテールランプには使えませんが，テールランプのカバーを外して電球を取り出せば，型番が同じであれば，ニッサンの自動車のテールランプに使えます．テールランプの電球を取り出したら，それはもう部品で，トヨタ，ニッサンという区別はなくなります．別のたとえで言うと，トヨタの自動車のネジはエンジンにくっついて一体化しているときにはニッサンの自動車にはネジとして使えませんが，ネジをエンジンから取り外せば，ニッサンの自動車のネジとして使えます．たとえが適切かどうかは別として「部品化」ということはわかっていただけたでしょうか．生物学では，「食べ物を分解して自分のからだに合うように作り替えること」を同化（assimilation）と言います．消化，吸収のあとに同化が起こります，ただし生物学では同化というと2つの意味があるので注意して下さい．化学反応でエネルギーを使って物質を合成することを同化（anabolism），合成した物質を分解してエネルギーを放出することを異化（catabolism）といいます．体内での化学反応についての説明です．英語では異なる単語を使いますが，日本語ではどちらも同化という言葉を使います．前者の同化を行うためには，まず食べ物を消化して部品化する必要があります．部品にまで小さくならないと同化（assimilation）は起こりません．この話を講義でしていたら，ある学生が，消化とは分子を小さくして，もとの物質の個性をなくして共通の物質（部品）にすることですね，と言っていました．これは正しい解釈だと思います．素晴らしいアイディアです．

次にもうひとつ消化の意味について私の考えを書きます．それは食べ物の抗原性をなくすことです．これは前に述べた学生の解釈と関連があります．動物では，免疫系が自己と非自己（異物）を見分けて，異物を排除するしくみをもっています．この場合，白血球がそのはたらきをします．もし豚の筋肉のタンパク質がそのまま体内に入ったら，これは異物です．すぐに白血球がはたらいて炎症を起こす可能性があります．白血球が異物を認識する場合，この異物を抗原と呼びます．白血球は分子量がおよそ8000以上の非自己のものを抗原として認識し，排除にかかります．食べ物が消化されて分子量が8000より小さくなれば，それらは抗原とはなりません．すなわち，消化には食べ物を小さく分解して抗原性をなくす（食べ物が異物でなくなる）というはたらきが考えられます．部品になったものはもとの個性がなくなると言ってもよいでしょう．アミノ酸には種類がありますが，だいたいアミノ酸1分子の分子量は75～205くらいです．3つつながったアミノ酸でも分子量は600くらいですからそのまま吸収されても大丈夫ですね．

それでは食べ物と消化・吸収の関係をもう1度みてみましょう．分子量の小さなものはそのまま吸収されます．分子量の大きなものは消化されるものと消化されないものに分かれます．消化されたものは，抗原性がなくなり，部品化されて吸収されます．消化されなかったものは，たとえば植物繊維などは，便，糞とともに排泄されます．部品化されたものは，からだの各所でヒトのからだの一部分としてつかわれます．

コラム 7　焼き鳥を食べると腕の筋肉は鶏肉になる？ とんかつを食べると足の筋肉が豚肉になる？

鶏肉を食べたからといって，我々のからだが鶏肉になることはありません．もちろん豚肉についても同様です．この話を大学の文科系の学生に話すと，「そんなのあたりまえじゃないですか」，と学生に言われますが，「じゃあ，それでは，なぜそうならないの？　説明して？」，と問い返すときちんと説明できる学生はほとんどいませんでした．日本の理科教育にちょっとがっかり．だいぶがっかり？

脊椎動物の筋肉タンパク質のアミノ酸配列は動物種間で似てはいるもののニワトリの筋肉タンパク質，ブタの筋肉タンパク質のアミノ酸配列は，それぞれニワトリ，ブタに特有で，ヒトの筋肉タンパク質のアミノ酸配列とは異なります．鶏肉，豚肉のタンパク質は消化されてアミノ酸になります．またアミノ酸は鶏肉，豚肉の他，魚肉，大豆タンパク質などのいろいろな種類のタンパク質が分解されてできてきます．そしてヒトの筋肉のタンパク質ができるときは，ヒトの筋肉タンパク質特有のアミノ酸配列でできあがります．それではこのアミノ酸配列を決めている設計図はどこにあるのでしょうか．ここでもう一度文科系の学生に聞きましたが，まったくわからない，という表情をされました．ある程度予想はしていましたが，やっぱりがっかりでした．

それは細胞の核の中にある DNA です．すなわち遺伝子です．DNA の塩基配列がアミノ酸配列を決める設計図です．DNA の塩基配列をもとにメッセンジャー RNA（mRNA）が合成され（転写），そのメッセンジャー RNA の塩基配列をもとにトランスファー RNA（tRNA）がアミノ酸を運んできてアミノ酸がつながり，特定のアミノ酸配列ができます（翻訳）．ヒトのタンパク質が正しくつくられるためには，DNA の設計図にしたがって，種々のアミノ酸が正しい順番に配列にしてできあがるのです．そしてこの材料（部品）となるアミノ酸はいろいろなタンパク質に由来するもので，筋肉を作るために筋肉由来のアミノ酸だけが使われるということはありません．

世の中では数多くのコラーゲン食品が市販されていますが，鶏肉，豚肉と同様，タンパク質であるコラーゲンを食べたからといって，そのコラーゲンがヒトのからだのコラーゲンになるわけではありません．コラーゲンは消化されてアミノ酸になって吸収されます．我々はいろいろな種類のタンパク質を食べていますから，それぞれのタンパク質からアミノ酸が生じてきます．特定のタンパク質を食べるとそのタンパク質由来のアミノ酸が体内でまた同じ種類のタンパク質に使われる，という研究報告はありません．コラーゲンの話はこのあとのコラムでまた話しますね．

コラム８　特定保健用食品，栄養機能食品，機能性表示食品

ここでは食べ物とその効能の表示についての話をしますね．世の中では食べ物にいろいろな種類の名前をつけて，これを食べると健康に関してこんな効果があるよ，といった感じの表示がみられます．これらの中で，国（消費者庁）が正式に認めている表示は「特定保健用食品」，「栄養機能食品」および「機能性表示食品」の３つだけです．それ以外に「栄養補助食品」，「栄養調整食品」，「養生食品」などの名前をつけて売っている商品がありますが，これらの名前はその会社が独自につけた名称で，これらの商品にどのような効能があるか，ということを表示することを国は認めていません．ある食品が国の基準をみたさずに効能を表示することは違法です．食べ物の効果を表示するには，国の審査，許可，届け出などの手続きが必要です．ここでは国の認めた３つの表示について説明していきますね．最初の「特定保健用食品」，いわゆる「トクホ」は，この食品について会社が実際に効能，安全性の実験を行い，その結果を国が審査して，許可という過程をとります．ですからトクホの商品には，「血圧を下げる」，「食後の血中の中性脂肪を下げる」，「腸内の環境を改善する」などの効能が表示されています．これらは科学的に認められたものです．

次の栄養機能食品とは，既に科学的に効能が明らかになっているビタミンやミネラルなど，国が定めた栄養成分が基準量含まれているもので，表現方法が正しければ，国への届け出なしで表示ができます．カルシウムやビタミンＣなどが添加された食品がこれに相当します．

３番目の「機能性表示食品」については賛否両論があり，多くの研究者はこの制度の導入に信頼性の観点から反対しました．この食品については，ヒトを対象とした臨床試験あるいは文献（学術論文）調査により健康への効果を調べ，動物，ヒトを対象とした実験あるいは学術論文の調査によって安全性を調べます．会社が独自に実験を行って効能を確認する場合もあれば，こういう効能があるということを報告する学術論文があれば，国に届け出をするだけで「機能性表示食品」という表示が可能となります．審査，許可という手続きはありません．ここで問題なのが，安全性，効能の情報の集め方です．会社が実際に実験を行って，効果があるということが確認されて，それを学術論文として公表しているのであればよいのですが，会社が独自に実験をしなくても，学術論文でこういう報告があったので，この成分は安全である，こういう効能がある，と言うことができるのです．しかも国は審査せずに会社が国へ届け出をすれば，会社は「機能性表示食品」として効能を書くことができます．本当にすべての機能性表示食品に書かれている効能は効果があるのでしょうか．私は疑問を感じます．食品の種類によっては効くかもしれないけれど，効かないかもしれない，というのが私の感じているところです．

先日，チュウインガムを買ったら，それには機能性表示食品の表示があり，「記憶力を維持する*」とあり，注として「*言葉や図形などを覚え，思い出す能力を指す.」と書かれていました．またパッケージには以下のような説明が書かれていました．

届出表示：本品にはイチョウ葉フラボノイド配糖体及びイチョウ葉テルペンラクトンが含まれます．イチョウ葉フラボノイド配糖体及びイチョウ葉テルペンラクトンは，中高年の方の，認知機能の一部である記憶力（言葉や図形などを覚え，思い出す能力）を維持することが報告されています．本品は，事業者の責任において特定の保健の目的が期待できる旨を表示するものとして，消費者庁長官に届出されたものです．ただし，特定保健用食品と異なり，消費者庁長官による個別審査を受けたものではありません．本品は，疾病の診断，治療，予防を目的としたものではありません．　中略　体調に異変を感じた際は，速やかに摂取を中止し，医師に相談してください．（下線は著者がつけたもの．）

皆さんはこの文章をどう受けとめるでしょうか．ほとんどの人は「機能性表示食品」と「効能」だけに着目して，説明には目を通さないのではないでしょうか．この説明によれば，こういう報告があるので，こういう効果が期待される，ということです．この会社は，トクホではなく，独自の実験をやって確認したとは書いていません．私たち科学研究者は自分たちでデータを出してそれをもとにものごとを考えるのが科学の常識と考えています．しかも実験を行った時の実験条件ということを重要視します．機能性表示食品の考え方では，論文で報告されている実験条件で出たデータが，他の実験条件（その食品を消費者が食べるとき）でも起こりうるだろうから効果が期待される，というふうに解釈できます．なんだかとてもあいまいな制度ができてしまったのではないかと私は感じます．

それではなぜ国はこのようなあいまいな制度を導入したのでしょうか．多くの理由があるかと思いますが，そのひとつは経済の活性化ということがあります．「機能性表示食品」と表示することにより，物がよく売れるようになることが期待されるからです．この制度の導入により日本の経済がどれだけ活性化したのかはわかりませんが，私としてはこの制度は「？」です．

さて前にも出てきたコラーゲンについて，効能の表示という観点からもう1度みてみましょう．この原稿を書き始めた頃，ドラッグストアに行って6つの会社の飲むコラーゲン粉末商品のパッケージを見てみました．いずれの商品にも国が認めた3つの種類の表示はありませんでした．また当然のことながら効能はどこにも書かれていませんでした．もし効能を書くと違法になります（景品表示法違反）．それでもコラーゲンはよく売れていたようです．世の中では実験的裏付けがないまま，いかにも効果があるような過大な表現，誤解を生じるような表現をすることを "food faddism" と言います．この英語のよい日本語訳は見当たりませんでした．興味のある人は調べてみてください．

しかし最近になって興味深いことがわかりました．この原稿を書いている途中で数社の販売するコラーゲンが機能性表示食品として認定されました．もちろんその説明には食べたコラーゲンがそのままヒトのコラーゲンになるとは書いてありません．ある研究者たちの研究により，動物のコラーゲンを短く切断したコラーゲンペプチドを摂取すると，ヒトの皮膚の水分の蒸発が抑制される，という実験結果が得られた，とのことです．このように会社が実際に実験を行って効能を確認することは重要なことで，科学的な点からは大きな進歩と言えます．しかしどのようなメカニズムでこのような効果が得られるのか説明はありません．多くの宣伝では，コラーゲンは皮膚の重要な構成成分である，老化とともにコラーゲン産生能が低下する，そして皮膚のコラーゲン量が減少する，と言っています．だからコラーゲンを補充する必要があるとは言っていませんが，そう受け取れるような宣伝の仕方がなされています．これはちょっと問題のある宣伝の仕方と私は思います．繰り返し言いますが，食べた動物由来のコラーゲンはヒトのコラーゲンにはなりません．コラーゲンペプチドを食べると肌の水分の蒸発が減り，肌の状態がよくなるという結果が得られたということは事実でしょう．しかし，科学の世界では，一人の研究者があることを言ってもその事実がすぐに受け入れられるかというと必ずしもそうとは言えません．他の多くの研究者が追試をして同じ結果が得られたときに科学的事実として科学の世界で受け入れられるようになるのです．さらにコラーゲンペプチドが皮膚の水分に蒸発を抑制するメカニズムが明らかとなっていません．このことが明らかでないと，科学的な裏付けとしてはまだ不十分です．今後，コラーゲン摂取の効果については，さらなる研究成果が待たれるところです．はたしてコラーゲンペプチドは「トクホ」に認定されるでしょうか．

一方，これとは別に，肌に塗るコラーゲンというのがあります．これは食品ではないので，国の扱いも別のものになります．化粧品，医薬部外品の扱いは，厚生労働省の管轄になります．医薬品の管轄も厚生労働省ですが，動物用医薬品は農林水産省の管轄になります．肌に塗るコラーゲンは化粧品の扱いになり，「保湿」，「潤い」という効能が書かれています．この効能についても私はドラッグストアで調べてみましたが，３つの会社の商品すべてに，保湿あるいは潤いという効能が書かれていました．コラーゲンというタンパク質はその分子構造から保湿性があります．そのため，肌に塗る化粧品に添加されることがあります．この場合，肌に塗ったコラーゲンが皮膚の水分を保持してくれます．しかし塗ったコラーゲンは皮膚の表面あるいは皮膚の表皮の部分にまでしか行きません．皮膚の表皮の下にある真皮には多くのコラーゲンがありますが，塗ったコラーゲンが真皮にまで達し，真皮のコラーゲンを増やすということはありません．表皮には血管がきていませんが，真皮には血管が来ています．ということは免疫系の細胞がきているということです．もし動物由来のタンパク質であるコラーゲンが真皮まで届くと，免疫系が作動して炎症が起こることになります．ここから先は興味のある人は調べてみてください．

コラム9　コラーゲンペプチドについての研究論文

コラーゲンというタンパク質を酵素で切断し，分子量を小さくしたコラーゲンペプチドについての論文をいくつか調べてみました．コラーゲンペプチドを摂取したときの皮膚にいくつかの効果が示されていましたが，ここでは水分についての結果を紹介します．肌の水分含量が増加するかということと肌の水分蒸散が抑制されるかということです．

肌の水分含量増加

山本ら，　効果なし　；　飯塚ら，　効果あり　；　Asserin ら，　効果あり
Proksch ら，　効果なし

肌の水分蒸散抑制作用

山本ら，　効果あり　；　飯塚ら，　未測定　；　Asserin ら，　効果なし
Proksch ら，　効果なし

これらの研究結果には一貫性がなく，コラーゲンペプチドは効くこともあれば，効かないこともある，ということのようです．誰もが認める決定的な知見を得るにはさらなる研究が必要のように思われます．またコラーゲンペプチドがどのように作用したのか，とう作用機序も明確ではありません．摂取したコラーゲンペプチドがさらに分解され，分解された成分（アミノ酸が2個ないし3個つながったもの）が血液中をとおって皮膚の繊維芽細胞（コラーゲンをつくる細胞）を刺激して，皮膚のコラーゲン産生を促進しているのではないか，という仮説が提唱されているものの，まだ実際にそういう知見は示されていません（Sato，2019）．

ここで示した論文を読むと，コラーゲンペプチドの摂取により，肌の水分量の増加，肌の弾力性の増加，肌のしわの減少という効果があると書かれています．この論文の効果は，おそらくそれらの実験で実際に起こったことだと私は思います．しかし論文には次のようなことも書かれています．これらの効果は，気温，湿度，被験者の年齢の影響を受ける，とのことです．おそらくこれらの要因が複数の実験結果の差異の原因になっているのではないかと考えます．これらのことは，コラーゲンペプチドは，投与後，基本的に何らかの効果がみられる「薬」とは異なり，摂取したときの条件によって，効くこともあれば，効かないこともある，ということになります．逆にもし薬のような強い効果があったとしたら，過剰摂取した際に副作用が出てしまう可能性があります．食品はあくまで食品であり，薬ではありません．バランスの取れた食品の摂取により病気の「予防」はできますが，食品による病気の「治療」は基本的にできません．病気になったら薬で「治療」します．食品はあくまでサプリメントということを忘れないでください．

参照論文

山本貴之・森貞夫・森田稔・中田秀二（2018）：コラーゲンペプチドによる肌水分蒸散へ及ぼす効果－ランダム化二重盲検プラセボ対照平衡群間比較試験－，薬理と治療，146，849-855.

飯塚舜介・桑原正憲・内田幸男（2018）：魚うろこ由来コラーゲンペプチド摂取の顔肌状態に対する有効性：ランダム化二重盲検査試験，機能性食品と薬理栄養，11，355-367.

Asserin J, Lati E, Shioya T, Eng B, Prawitt J. (2015) :The effect of oral collagen peptide supplementation on skin moisture and the dermal collagen network: evidence from an ex vivo model and randomized clinical trials. J Cosmetic Dermatol, 14, 291-301.

Proksch E, Segger D, Degwert J, Schunck M, Zague V, Oesser S. (2014) :Oral supplementation of specific collagen peptides has beneficial effects on human skinphysiology, a double-blind placebo-controlled study. Skin Pharmacol Physiol, 27, 47-55.

Sato K. (2019) :Food for skin health: Collagen peptide. Encyclopedia of Food Chemistry, Vol. 3, 344-348, Elsevier.

コラム 10　必須アミノ酸と必須脂肪酸，必須糖はないの？

からだのタンパク質をつくるにはその部品であるアミノ酸が必要です．アミノ酸の種類は約 20 種類で，動物によって生きていくために必要なアミノ酸のうち，自分で合成できるアミノ酸と自分では合成できないアミノ酸があります．自分で合成できないアミノ酸を必須アミノ酸と言います．ヒトでは，フェニルアラニン，ロイシン，バリン，イソロイシン，スレオニン，ヒスチジン，トリプトファン，リジン，メチオニンの 9 種類です．これらのアミノ酸は植物，他の動物がつくったものを食べ物をとおして摂取します．

また必須脂肪酸というのもあります．脂肪はグリセロールに 3 つの脂肪酸が結合してできますが，脂肪酸にはいくつかの種類があります．脂肪酸にはヒトが生きていくのに必要だけれど自分ではつくれない脂肪酸があります．これを必須脂肪酸と言います．ヒトでは，アラキドン酸，リノール酸，α-リノレン酸，ドコサヘキサエン酸，エイコサペンタエン酸です．これらの脂肪酸はやはり，植物，他の動物から摂取します．

それではタンパク質をつくる必須アミノ酸，脂肪をつくる必須脂肪酸に加え，炭水化物をつくる糖についてはどうでしょうか．グルコースなどの糖類はエネルギーを得る上で重要です．それでは必須の糖というのはあるのでしょうか？　高校生の私は疑問に思いましたが，このことについての説明は受けませんでした．その後，勉強しているとあることがわかりました．必須の糖というのはありません．ヒトはグルコースを自分で合成できるんです．ただし植物のように水と二酸化炭素と光でつくるわけではありません．ピルビン酸，乳酸，ある種のアミノ酸からグルコースをつくることができます．このことを糖新生と言います．ヒトでは摂取したエネルギーの 20%が脳で消費されます．しかも脳はエネルギー源としてグルコースしか使えないんです．他の種類の糖，脂肪，アミノ酸ではだめなんです．そのためか，体内に常にグルコースがないと脳の機能が低下してしまいます．これは困りますね．ですからグルコースは自分でつくれるので，必須糖というのはないんですね．どうして教科書にはこういう説明がないのでしょうか．

第5章 神　経　系

5-1 中枢神経系

前の章では，消化・吸収の意味について話をしました．細かい消化・吸収のしくみについては教科書を参照して下さい．ここでは神経について少し話をしておきます．なぜここで神経について話をするかというと，前の章の体温調節，消化・吸収についてもそうですが，我々には意識をしなくても無意識にからだの器官を調節してくれる神経系，すなわち自律神経系があるからです．この章の後にも出てくるほとんどの器官の調節は，自分の意思とは離れて自律神経系とホルモンによってなされています．細菌感染した時，体温を上げて細菌の増殖を抑制しようとするのは，自律神経系が無意識にはたらいてくれるからです．自分が意識して体温を上げているのではないため，細菌が悪さをして体温が上がったと考えてしまいがちですね．また胃に食べ物が入ると，胃は無意識にぜんどう運動を始めます．食べ物をかんで，飲み込むところまでは，自分の意思で，すなわち大脳による制御で行います．食べ物がのどを過ぎて食道に行くと，もうここからは意識を離れて無意識なぜんどう運動が始まり，食べ物は胃に行きます．消化器官の運動は，意識的にはできません．また意識的にとめることもできません．皆さんは，自分で胃を動かすことができますか？　また胃の動きを意識的にとめることができますか？　どちらもできないと思います．

それでは神経の話に入りましょう．典型的な神経細胞（ニューロン）は，図5-1のような細胞体と長く伸びた軸索からなります．情報の伝達は，細胞体が他の細胞などからの刺激を樹状突起で受け，その情報を軸索が電気的な伝導により軸索の末端（神経終末）まで伝えます．情報が神経終末までくると，そこから神経伝達物質が放出され，この神経伝達物質が次の神経細胞を刺激して情報を伝えたり，筋肉に作用して筋肉の収縮を起こしたりします．この神経終末と他の細胞がつながるところをシナプスと言います．

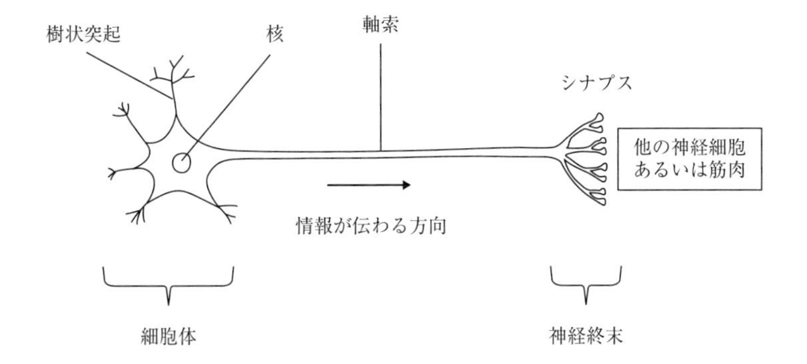

図5-1　神経細胞.
神経細胞は樹状突起で刺激を受け，その情報を軸索を通して電気的に伝導する．情報が神経終末に達すると，神経伝達物質が放出され，次の細胞（神経細胞，筋肉など）に情報が伝達される．神経終末と次の細胞の接続部分をシナプスという．

神経細胞がたくさん集まっているところには，神経細胞の隙間を埋めるように，また神経細胞を支えるように，神経細胞に栄養を与えるグリア細胞（神経膠細胞）があります．さらに神経細胞の軸索には，電気的活動の絶縁をしたり，伝導を速くするためのグリア細胞が軸索を取り囲んでいます．中枢神経系のグリア細胞にはミクログリア，アストロサイト，オリゴデンドロサイト，上位細胞などがあります．またこのあとに説明する末梢神経系のグリア細胞にはシュワン細胞があります．神経細胞がたくさん集まっているところでは，単に刺激を情報として伝えるだけでなく，受け取った情報に対する対応策，そしてどのような指示をからだに出すか，といった情報処理を行います．

神経細胞がたくさん集まって情報処理や司令塔の役割をする部分を中枢神経系と言います（**図5-2**）．脊椎動物では脳と脊髄です．それに対して細胞体が中枢神経系の中にあり，軸索をからだ全体に伸ばしている神経細胞および細胞体が身体全体に分散し，軸索の終末が中枢神経系の中入り込んでいる神経細胞をあわせて末梢神経系といいます．

中枢神経系にはたくさんの神経細胞があつまって情報の統合，処理をしていますが，ヒトの脳の表面部分の大脳皮質には100億から180億の神経細胞が集まっていると言われています．チンパンジーでは80億くらいだそうです．ま

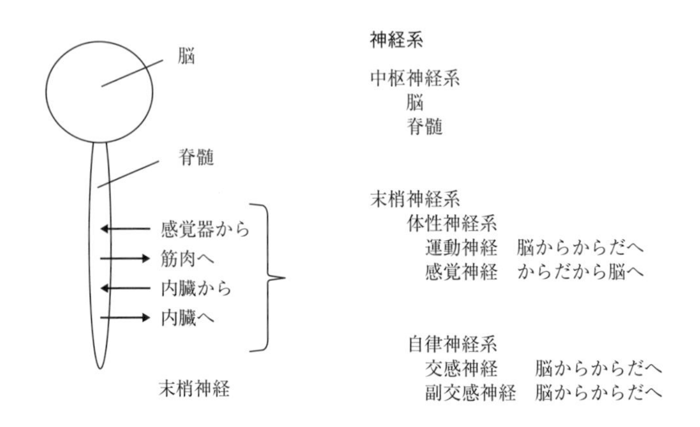

図5-2　脊椎動物の神経系.
脳，脊髄は神経細胞がたくさん集まっていて，情報処理を行うところである．末梢神経は脳，脊髄に出入りをし，からだ全体と中枢をむすぶ情報の連絡を行う．

た脳，脊髄をあわせた中枢神経系の神経細胞の数は1000億から2000億と推定されています．脳の神経細胞の細胞体は，他の神経細胞の神経終末とシナプスを作っていますが，ヒトの脳のひとつの神経細胞はおよそ1万ものシナプスをつくって他の神経細胞と情報交換をしているそうです．脳は各部位によってそのはたらきが異なりますが，いわゆる「心」のはたらきは大脳皮質のある部位で行われていると考えられています．ヒトでは心のはたらきとして，「認知，運動制御，情動，記憶・学習，睡眠・覚醒，認知的意識，思考，言語，注意，感情，意思，自意識」の12種類が考えられています．特に「感情，意思，自意識」が人間らしさをつくっていますが，その他に外界，体内からの刺激に対して対応するはたらきもしています．脊椎動物の進化の過程でいつ頃，脳の神経系が「心」のはたらき，すなわち心をつくるための神経回路をもつようになったのか，生物学者の間では議論がなされています．イヌやサルには喜んだり，悲しんだりするという感情，自意識はありそうですが，魚には自意識，感情があるのかどうかまだよくわかっていません．現在多くの研究がなされています．私は魚を使って研究をしていますが，何回か餌をやると私の足音に反応して水槽の中の魚は私の方に寄ってきます．足音がすると餌がもらえるということを学習した結果のいわゆる条件反射です．この時，魚はイヌのように喜んでいるのか，魚の行動からはわかりません．喜んでいるようにも見えますが，その考え方はかなり主観的です．魚と会話ができないので本当のところはわかりません．私としては魚がどういう気持ちなのかとても知りたいのですが，そもそも魚に気持ちがあるのかもわかりません．どういう実験をしたら魚に心があるのかないのかを示すことができるのか，思案中です．

ヒトの脳は他の動物に比べて発達し，自意識，感情をもつだけでなく，記憶・学習をしたり，計算をしたり，文章を書いたり，絵を描いたり，いろいろなことができます．皮膚の細胞，筋肉の細胞にはこういうことはできません．神経細胞が集まるとなぜこういうことができるようになるのかとても不思議です．記憶に関しては，特定の記憶をするときに，特定のシナプスに記憶関連タンパク質が輸送され，特定の記憶が形成されると言われています．言い換えると神経細胞同士のネットワークが新しくできて記憶ができる，ということのようです．どうも私にはピンと来ませんが，ある記憶とある物質が対応しているのではなく，ある記憶とあるネットワークが対応しているということでしょうか．それでは神経細胞が集まるとなぜ自意識が生まれるのか，なぜ想像力が生まれるのか，それがどういうしくみなのか，とても不思議です．21 世紀のうちに解明されるでしょうか．神経細胞をたくさん培養して，試験管の中に心ができたらちょっとこわいですね．

脳が精神活動の場であるのに対し，脊髄は脳と末梢神経の中継の役割をしていますが，他には脊髄反射の役割もします．何か物が自分に向かっていきおいよく飛んできたとき，身の危険を感じて物をよけます．この場合，物が飛んできたという情報は大脳皮質に行く前に脊髄で情報処理を行い，筋肉に指示を出してからだを動かして物をよけます．このとき大脳皮質で飛んでくるものが何か考えていたら，その間にからだに物が当たってしまいます．そこで，考える前に危険を避けるために脊髄が筋肉に指示を出します．この動きは大脳皮質を介していないので無意識に起こります．からだのこのような反応を脊髄反射と言います．脊椎動物の中枢神経系の話はこれくらいにして，次は末梢神経系について話をしますね．

5-2 末梢神経系

末梢神経系は体性神経系と自律神経系があります．体性神経系はさらに感覚神経系（求心性：全身から脳，脊髄に向かって情報が伝えられる）と運動神経系（遠心性：脳，脊髄から全身に向かって情報が伝えられる）に分けられます．感覚神経は体表にある感覚器（眼，鼻，皮膚など），内臓（胃，腸など）からの刺激を脳に伝えます（求心性）．運動神経は，脳で統合された情報を筋肉に伝えてからだを動かします（遠心性）．これらの情報のうち，体表にある感覚器から大脳皮質へ情報が伝わった場合と大脳皮質から筋肉への情報は意識として自覚できますが，内臓から脳へと伝わる情報は大脳皮質ではなく，脳の視床下部に伝わるのでその刺激は自覚できません．食べ物が胃に入ったら，胃はその刺激を受容して脳に情報を送りますが，我々はいちいちそのことを意識していませんよね．

末梢神経系うちの自律神経系は，その字のとおり，我々の意識とは別に自律してはたらいてくれる神経系です（**図5-3**）．自律神経系には交感神経と副交感神経があります．これらはどちらも遠心性です．神経の名前がたくさん出てきて混乱しそうですね．**図5-2**をみて頭の中を整理してください．

交感神経はからだを活発に動かすとき，緊張して仕事をするときに，からだが効率よく動くようにはたらきます．たとえばスポーツの試合のとき，人前で発表をするときなどです．交感神経からはノルアドレナリンが分泌され，瞳孔の拡大，気管の拡張，心臓の拍動を促進，肝臓でのグリコーゲンの分解促進，副腎髄質でのアドレナリン分泌の促進，射精などの調節が起こります．同時に胃，小腸，大腸の運動を抑制し，すい臓でのすい液分泌を抑制し，膀胱では尿をためるようにはたらきます．今は活発な運動をするときだから，トイレに行く余裕はなく，消化・吸収・排尿はちょっとお休みね，ということです．

副交感神経は，からだを休ませるときにはたらきます．特に夜眠っているときは，副交感神経がはたらきます．副交感神経からはアセチルコリンが分泌され，瞳孔の縮小，気管の収縮，拍動の抑制，胃，小腸，大腸の運動促進，すい液の分泌促進，排尿を起こす，男性の陰茎の勃起などの調節が起こります．多くの参考書には，眼から膀胱までしかかかれていませんが，ある参考書には陰

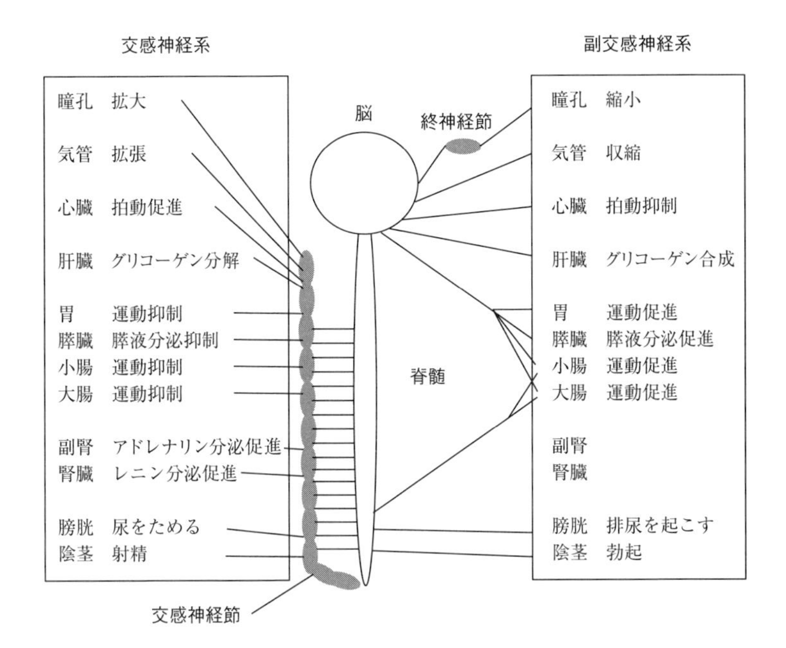

図5-3　自律神経系.
左：交感神経系は動物が活動するのによいように自律的に，無意識にはたらく．交感神経系では，脳，脊髄から出た神経が交感神経節でシナプスを作り，そこから各臓器に神経が軸索をのばす．神経の終末からはノルアドレナリンが分泌される．
右：副交感神経系は動物がからだを休め，細胞に栄養を補給するのによいように無意識にはたらく．一部の神経を除き，脳，脊髄から神経は軸索を直接各臓器に軸索を伸ばし，神経の終末からはアセチルコリンが分泌される．

茎の自律神経による調節が書かれていました．私は男性ですが，陰茎の勃起が副交感神経によって起こるという知識をもっていませんでした．その参考書を見てなるほどと納得してしまいました．勃起は自律神経による支配で，大脳皮質を介さずに起こるものだから，自分の意思では陰茎を勃起させることはできないのだと．このことを私はとても気に入り，講義では必ず話すようにしています．男子学生に，「君は自分の意思で腕を動かすことができますよね？」，と問いかけると学生は腕を動かして反応してくれます．次に，「それでは君は自分の意思で陰茎を勃起させることができますか？」，と聞くと，ちょっとしてから，「できません」と答えます．そこで私は，「そうなんです，陰茎の勃起は自律神経系の支配ですから，自分の意思ではできないんです．大脳皮質によって意識的にできるわけではないんです．それから，勃起した陰茎をしぼませることも自分の意思ではできないんです．このことは女性も知っておいてください」，といった感じで話をしています．もちろん，いきなり講義中にこういうことを聞くとハラスメントになりますので，事前に学生とは打ち合わせをしておきます．しかし科学的（医学的）には大事なことです．

なぜ自律神経系は，自分の意思とは別に無意識にはたらいてくれるのでしょうか．私の推測では，目の前にあることに集中しなければならないとき，自分の意思で胃や腸を動かしたりとめたりしていては，考えることが多くなりすぎて，身動きがとれなくなってしまうためではないかと考えています．ある程度のからだの仕事は自律神経系にまかせて，ヒトでは精神活動への負担を減らしているのではないかと推測しています．

ヒトの多くの内臓は自律神経系により調節されていますので，自分の意思では動かすこともとめることもできません．しかし，からだの部分で自律神経による調節と自分の意識で調節できる器官もあります．それらは肛門の括約筋，膀胱の括約筋および呼吸器官（肺）です．肛門の括約筋には2種類の括約筋（内肛門括約筋と外肛門括約筋）があり，普段は自律神経の支配により内肛門括約筋が出口を閉じていますが，直腸にある程度の便がたまると，自律神経の調節により無意識に内肛門括約筋が開き，必要に応じて意識的に外肛門括約筋を開き，排便ができます．尿道の括約筋にも内尿道括約筋と外尿道括約筋があります．膀胱にある程度尿がたまると膀胱内の内圧が上がり，それを膀胱にあるセンサーが感じ，大脳にその情報を伝えます．すると大脳は尿意を感じます．大脳は排尿を抑制する指令を出しますが，排尿の準備ができると，脳は抑制を解除し，内尿道括約筋と外尿道括約筋を緩ませて排尿が起こります．外尿道括約筋は意識的に調節できるので，排尿を我慢したり，排尿を途中でとめることができます．括約筋をずっと意識的に閉じていたら気疲れしてしまうので，自律神経系が無意識に調節をすることには納得がいきます．

そして，私の推測では，排尿，排便時は無防備になるので，敵に襲われないような安全なところで意識的に排尿，排便をするようなしくみがあるのではないかと考えています．また呼吸も普段は無意識に行っていますが，意識的に深呼吸をしたり，呼吸を止めることができます．これについては，やはり敵からのがれて息を潜めたり，獲物を狙うときに息をとめたりする必要性が原始時代にはあったのではないでしょうか．あるいは水に潜るときに意識的に呼吸をとめることができないと，すぐに肺に水が入ってしまうのかもしれません．膀胱の括約筋，肛門の括約筋および呼吸器官においては，このような二重の調節のしくみが進化の過程で獲得されたのではないかと私は空想しています．

5-3 反 射

反射とは生物学では，意識に関係なく，自動的，定型的，即決的に起こる反応と定義され，いろいろな種類のものがあります．前に述べた，物がいきおいよく飛んできたときに無意識によけるというのが脊髄反射でした．よく知られている反射としては膝蓋腱反射（膝蓋反射，大腿四頭筋反射とも言う）があります．軽く足を組み合わせた姿勢で，上の方になった足の膝頭の下をたたくと，足が前方に跳ね上がる反射です．詳しいしくみは説明しませんが，ビタミンB1が不足するとこの反射が起こらなくなることから，健康診断で使われることがあります．他には自律神経反射というのもあります．口の中に食べ物ではなく，小さな石を入れても唾液が出ます．これは大脳皮質が口の中の物が石であると気がつく前に，何か物が口に入るという刺激で自律神経（副交感神経）が反応して無意識に唾液が出てしまいます．また梅干しを見ると，実際に梅干しを口にいれなくても唾液が出ることがあります．この場合は，条件反射といって，これまでに梅干しを食べた経験があり，梅干しはとても酸っぱいということを記憶・学習していることが前提（条件）になります．梅干しを見ると大脳皮質がそれは梅干しであると認識し，この情報が副交感神経を介して無意識に唾液を出します．梅干しを食べたことがなく，梅干しはとても酸っぱいということを知らない人は，梅干しを見ても唾液は出ません．

コラム 11 末梢神経系の出入り

神経系の勉強をすると，脊椎動物の神経系は中枢神経系（脳と脊髄）と末梢神経系（体性神経系と自律神経系）に分かれると習います．そして末梢神経系は中枢神経系からからだの各部位に出る神経系と習います．さらに末梢神経系の体性神経系は運動神経と感覚神経，自律神経系は交感神経と副交感神経がある，と習います．ここでまた私は悩みました．脳や脊髄で統合した情報を，運動神経を通して筋肉を動かす（遠心性：脳，脊髄から全身へ），というのはわかります．しかし感覚神経はからだの各部位で受け止めた刺激を中枢神経系に伝えるのだから（求心性：全身から脳，脊髄へ），末梢神経系には中枢神経系の中に入るものもあるんじゃない？　ということは末梢神経系は中枢神経系から出る神経だけでなく，出入りする神経系と言うべきではないだろうか，と考えました．形態的ではなく少なくとも機能的には．大学教員になって間もないころ，ある偉い生物学の先生にこのことを質問してみたら，そうだね，その方が正しいね，と言ってもらえました．またいろいろな参考書を調べたら，「出入り」と書いてある本を見つけ，とてもうれしく思いました．私って変な子だったんでしょうか．最近心理学の教科書を読みましたが，その本も末梢神経は中枢神経から出る神経となっていました．心理学は心の学問なので，あまり神経にはこだわらないのでしょうか．

コラム 12 心とは？

以前，研究室に私の親しい心理学の先生を呼んでセミナーをしてもらいました．その先生はすぐに自分の研究の話を始めました．私は「ちょっと待ってください．心理学の話をお願いしたのだからはじめに『心』の定義をしてもらえますか？」と聞きました．そうすると先生は，「心の定義というのはいろいろあって難しくてできないんです．」という答えをしました．私は一瞬あきれて，「それでは先生ご自身の定義でいいですから」と聞いたのですが，「それも難しい」とのことでした．私は，仲のよい先生だったので，「生理学，薬理学，物理学，などの学問はそれぞれ，からだの理，くすりの理，ぶっしつの理を調べていく学問ですよね．心理学は心の理の学問ですよね．それならその学問が扱っている心が何か，と定義できなければ，心理学ってインチキな学問じゃん！」と学生の前で叫んでしまいました．心理学の先生は困惑していましたが，そこで私はなぜそういう質問をしたのか，説明をしました．心理学の分野で心の定義をきちんと決めてくれないと，それと同じものがサカナやカエルにあるかどうか，生物学で議論できないんです．心があるかないかというのは，これこれの条件をみたしているか，みたしていないか，ということですっきりするのではないでしょうか．生理学が専門の私が独自に心の定義をするとしたら，動物の神経系による高度な活動のひとつで，その表現型は思考，行動として現れる，ということになります．なぜ「高度」としたかというと，サカナやカエルの神経系が思考などの高度な活動ができるか，まだよくわからないからです．みなさんはゴキブリに心があると思いますか？

動物の心の有無は，動物実験をおこなう研究者にとって重要な問題なんです．ごく大雑把に言うと，心があると思われる哺乳類，鳥類，爬虫類は，研究でこれらの動物を扱うときに動物福祉の観点から，どのようにこれらの動物を扱ったか，これらの動物にあたえる苦痛を最小限にしているか，といった書類をたくさん書かなければならないのです．また事前にこれらの動物を使って実験をすることを所属機関の委員会の承認を得ていなければなりません．

一方，魚類，両生類，無脊椎動物，微生物については，哺乳類などと同様な考えをもって動物を扱うことが推奨されています．委員会の承認，書類の提出は必要ありませんが，私は私の飼っている実験魚には最大限の愛情をもって飼育しています．そのため，家族には評判が悪いのですが，基本的に土，日曜日も魚の世話のために大学に行っています．

コラム 13 抗うつ剤と殺虫剤

うつ病は心の病でとてもつらいものです．心の病ということは脳の神経細胞が正常にはたらいていないことを意味します．私もうつ病経験者です．仕事の頑張りすぎで，ある日ぷっつんと糸が切れたようになり，何もできなくなりました．そして 1 年間大学の仕事を休職しました．うつ病になる原因は様々ですが，うつ病の発症機構としては，脳の神経細胞から特定の神経伝達物質の放出が少なくなって起こることが知られています．それらは，ノルアドレナリン，ドーパミン，セロトニンと言われています．ノルアドレナリンはやる気を起こす物質ですが，減少すると意欲低下が起こります．ドーパミンは楽しさを起こす物質で，減少すると楽しみの喪失感が起こります．セロトニンは安心感，リラックスを維持する物質ですが，減少すると，不安，焦燥感が生じます．私は，うつ病がひどかたっときは，何もやる気がなくなり，それまで楽しいと思えたことが楽しいと感じられなくなりました．今は薬で大分よくなりました．いろいろな薬を試し，自分に合う薬をみつけるまでに 2 か月くらいかかりました．抗うつ剤は，人によって合う薬と合わない薬があるようで，合わない場合は強い副作用がでます．私の場合も，合わない薬を飲むと，次の日ひどい頭痛と脱力感を感じ，ベッドから出ることができませんでした．しかし不思議なもので，自分に合う薬を飲むと次第につらい症状は減っていきました．脳の特定の細胞に効く薬をどのように開発したのか，とても興味深く思いました．

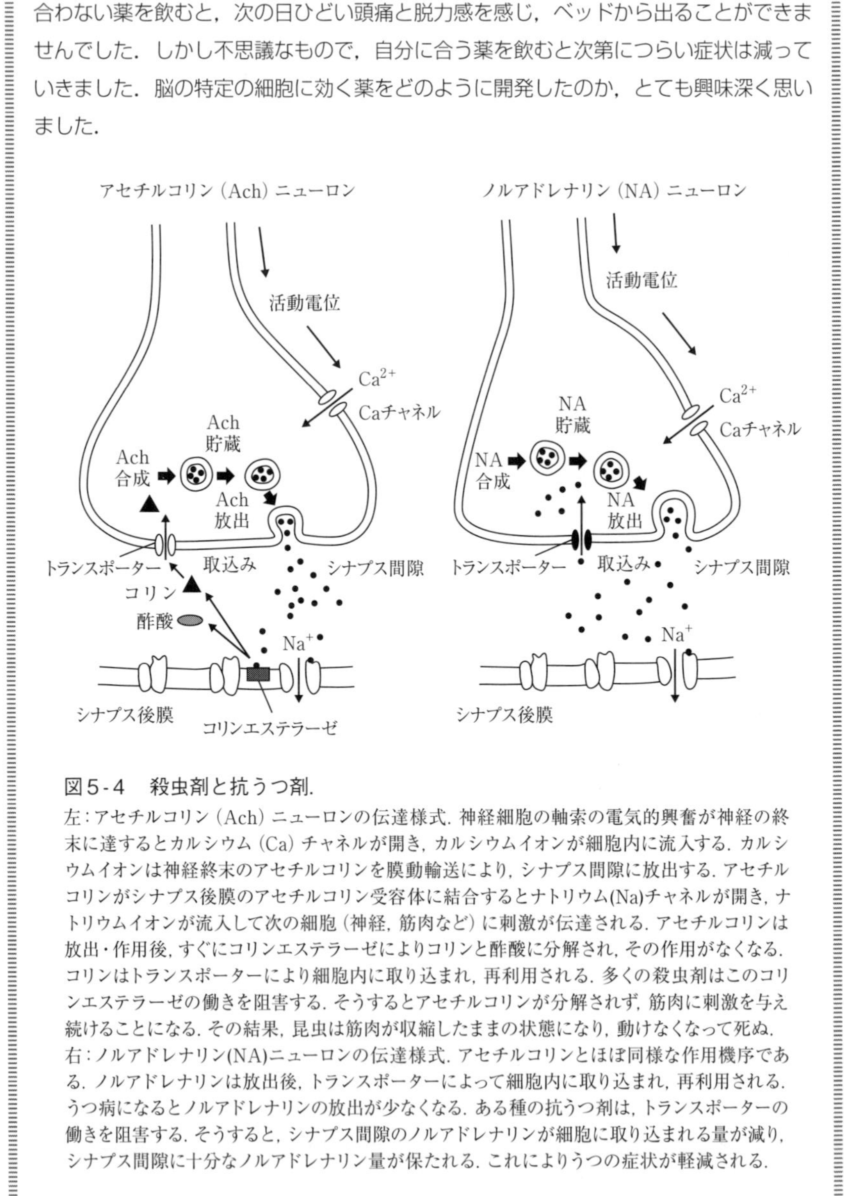

図5-4　殺虫剤と抗うつ剤.

左：アセチルコリン（Ach）ニューロンの伝達様式．神経細胞の軸索の電気的興奮が神経の終末に達するとカルシウム（Ca）チャネルが開き，カルシウムイオンが細胞内に流入する．カルシウムイオンは神経終末のアセチルコリンを膜動輸送により，シナプス間隙に放出する．アセチルコリンがシナプス後膜のアセチルコリン受容体に結合するとナトリウム(Na)チャネルが開き，ナトリウムイオンが流入して次の細胞（神経，筋肉など）に刺激が伝達される．アセチルコリンは放出・作用後，すぐにコリンエステラーゼによりコリンと酢酸に分解され，その作用がなくなる．コリンはトランスポーターにより細胞内に取り込まれ，再利用される．多くの殺虫剤はこのコリンエステラーゼの働きを阻害する．そうするとアセチルコリンが分解されず，筋肉に刺激を与え続けることになる．その結果，昆虫は筋肉が収縮したままの状態になり，動けなくなって死ぬ．
右：ノルアドレナリン(NA)ニューロンの伝達様式．アセチルコリンとほぼ同様な作用機序である．ノルアドレナリンは放出後，トランスポーターによって細胞内に取り込まれ，再利用される．うつ病になるとノルアドレナリンの放出が少なくなる．ある種の抗うつ剤は，トランスポーターの働きを阻害する．そうすると，シナプス間隙のノルアドレナリンが細胞に取り込まれる量が減り，シナプス間隙に十分なノルアドレナリン量が保たれる．これによりうつの症状が軽減される．

抗うつ剤にはその作用機序によりいくつかのグループに分けられますが，ここでは代表的なものを紹介します．NaSSA というグループの薬は，脳の神経細胞のシナプス間のノルアドレナリン，セロトニン量を多くする薬です．これで足りないノルアドレナリン，セロトニンを補充し，うつの症状を軽減します．またドーパミンの受容体に結合し，ドーパミンと同様の作用を持つ物質があります．これにより足りないドーパミンの作用を補充する効果が得られます．神経伝達物質は，シナプスで神経終末から放出されると，それを受け取る細胞の受容体に結合します．余分な神経伝達物質は酵素で分解されるか，神経終末に再吸収（回収）され再利用されます（**図 5-4**）．SNRI と呼ばれるグループの抗うつ剤は，セロトニン，ノルアドレナリンの再吸収を阻害する薬で，その結果，シナプスに放出されたセロトニン，ノルアドレナリンがシナプスにとどまり，足りない分を補うことになります．うつ病の原因を解明した人もすごいと思いますが，抗うつ剤の開発をした人もすごいと思います．私は抗うつ剤の効果を実感しました．

一方，殺虫剤の代表的なものも昆虫のシナプスではたらくものです．昆虫の神経細胞の終末からアセチルコリンが放出されて筋肉が収縮しますが，放出されたアセチルコリンは，筋肉に作用後，直ちにコリンエステラーゼという酵素により，コリンと酢酸に分解されます．ある種の殺虫剤はこのコリンエステラーゼの阻害薬で，この薬が昆虫の体内に入るとシナプスに放出されたアセチルコリンが分解されず，昆虫の筋肉は収縮が続き，痙攣を起こし，昆虫は動けなくなって死にます．抗うつ剤も殺虫剤もシナプスにおける神経伝達物質にかかわるものです．このような科学の研究成果には感嘆します．

第6章　循　環　系

6-1　開放血管系と閉鎖血管系

循環系の重要性については第2章で少し話しました．酸素，栄養を効率よく全身に送り，老廃物を効率よく集めるシステムです．動物の循環系には，開放血管系と閉鎖血管系があります（図6-1）．どちらも心臓というポンプで体液

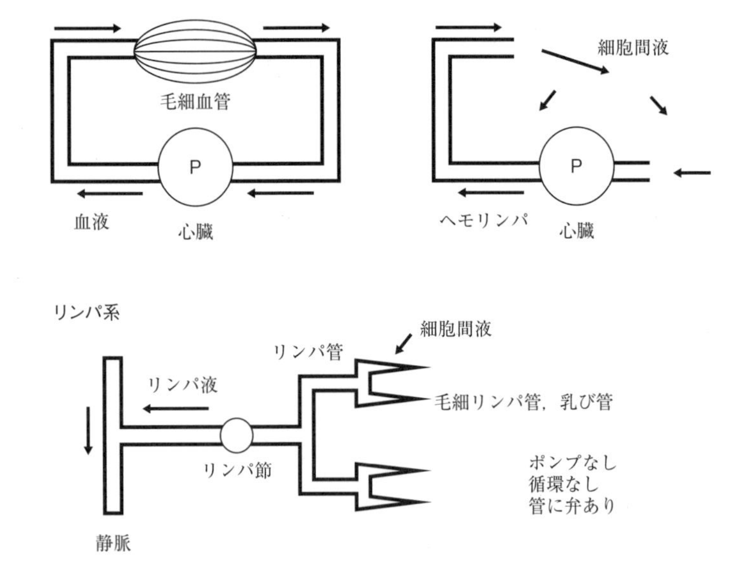

図6-1　閉鎖血管系, 開放血管系と哺乳類のリンパ系.
血管系では心臓がポンプ（P）の役割をして体液を循環させる. 閉鎖血管系では血液が, 開放血管系ではヘモリンパが循環する. リンパ系は, 魚類, 両生類, 鳥類, 爬虫類ではリンパ心臓があり, リンパ液が循環する. 哺乳類ではリンパ心臓はなく, リンパ液は一方向に流れ, 弁で逆流しないようになっている. リンパ管は静脈に合流し, リンパ液は血液と混ざる. リンパ節は異物, 細菌, ウィルスなどを除去するはたらきをする.

を循環させるのは共通ですが，開放血管系では，心臓から出た管がからだの途中で終わり，管の中の液体は細胞間の組織液と混ざります．そして全身の組織液は，心臓につながる別の管の中に吸い込まれ，心臓に戻ります．組織液が入る管には弁がついていて，心臓内に組織液が吸い込まれることはあっても，心臓の圧力で押し戻されることはありません．エビ，カニ，イカ，タコなどがこのような開放血管系のしくみで体液を循環しています．読者によっては驚くかもしれませんが，ザリガニ，ハマグリにも心臓はあります．どちらも体液は脊椎動物の血液と違って赤くありません．ほとんど透明です．ここで体液という言葉について少し説明をしておきますね．脊椎動物では，血液，リンパ液，組織液，精液などを体液と呼び，英語ではbody fluidです．血液は血管の中を通る液体（血漿）と血球を指します．英語ではbloodです．その他に脊椎動物ではリンパ液の流れるリンパ系があります．リンパ液は血管から染み出た液体で組織液と混ざります．血液中の物質を細胞に渡すときは，液体に溶けた状態で組織液となって細胞に渡されます．そうすると血管の中の液体成分がどんどん減ってしまうので，ある程度血管内に組織液は回収されます．しかし回収しきれなかった分の液体はリンパ管の中に入ります．リンパ管は最終的に静脈と合流し，リンパ液は血液と混ざります．

一方，開放血管系において循環する液体は心臓につながる管の中の液体と細胞間の組織液が同じものなので，血液とは呼ばず，体液と呼びます．ただし英語では，hemolymphと言います．ですから日本語の体液というと2つの意味があることになります．まぎらわしいので，無脊椎動物の体液を英語に合わせてヘモリンパと呼ぶこともあります．

以前私は，ある会社との共同研究でカイコに魚の組換えホルモンをつくらせるというバイオテクノロジーの研究をしていました．あるとき，私が「カイコの血液」と言ったら，共同研究者からすぐに，「カイコは開放血管系ですから血液ではなく，体液あるいはヘモリンパです！」，と指摘されました．どんな研究していたかというと，まずカイコの幼虫にウィルスを介してキンギョあるいはウナギのホルモン（生殖腺刺激ホルモン，医学系では性腺刺激ホルモン）の遺伝子を入れます．そうすると魚のホルモンの遺伝子がカイコの細胞の中で発現し，カイコの細胞がキンギョあるいはウナギのホルモンをつくり，ヘモリンパ中に放出されるんです．キンギョあるいはウナギのホルモンを含んだヘモリンパをそれぞれキンギョあるいはウナギの雄に注射すると，ちゃんとホルモンの効果が見られました．精子形成，精液産生が見られました．本当に組換えホルモンができたんだと，飛び上がるほどの驚きとうれしさでした．おもしろいでしょ！　ただしこの研究はお金がかかりすぎるので，ある段階で終わりにしました．このことは第10章でもう少し詳しく説明します．

開放血管系ではヘモリンパが細胞の間のすみずみまで届くというメリットがありますが，ヘモリンパが流れる場所が広がるため，ヘモリンパが流れる速さはゆっくりになります．一方，閉鎖血管系では，血液は決められた通路を通るので血液の流れは速くなり，ものの運搬の速さが速くなります．甲殻類のロブスターでは心臓から出たヘモリンパが心臓にまで戻るのに3~8分（体温による）かかるそうですが，ヒトでは約20秒で心臓から出た血液が心臓に戻ってくるそうです．しかし，閉鎖血管系では細胞のすみずみまでものを送るには，血管を細くして細胞のまわりに張り巡らさなければなりません．そう，毛細血管です．ものを速く運搬するには太い血管で血液を速く流し，細胞と血液間でもののやり取りをするには，毛細血管の中の血液の流れはゆっくりな方が都合がよくなります．また毛細血管により血管の表面積を増やし，細胞とのもののやりとりを効率的にします．心臓から出た太い血管は枝分かれをしてからだの各部位に血管を伸ばし，さらに枝分かれして毛細血管になります（図6-2）．心臓の動脈から出た血液は心臓の拍動にあわせた脈流になっています．これは血液の流れる方向は同じですが，流れる血液の量が一定ではなく，量が多くなったり少なくなったりする流れです．量が多いときは流れの速さも速く，量が少ないときは流れの速さは遅くなります．言葉ではイメージがわかないかもしれませんが，手首の内側で脈拍をみるというのは，血液の動脈の脈流を感じているということです．心臓の心拍数が増えれば，それに応じて脈拍も上がります．一方，毛細血管は細いため，流れに対する抵抗が大きくなります．毛細血管を通り抜けると脈流はなくなり，血液はゆっくりと静脈を流れます．そう，毛細血管より前が動脈で，毛細血管の後が静脈ですね．ヒトの血管の全血管長は約10万kmと言われています．そのうちの95~99%が毛細血管です．からだの脂肪が1kg増えると，1400kmの新たな血管ができるそうです．それに

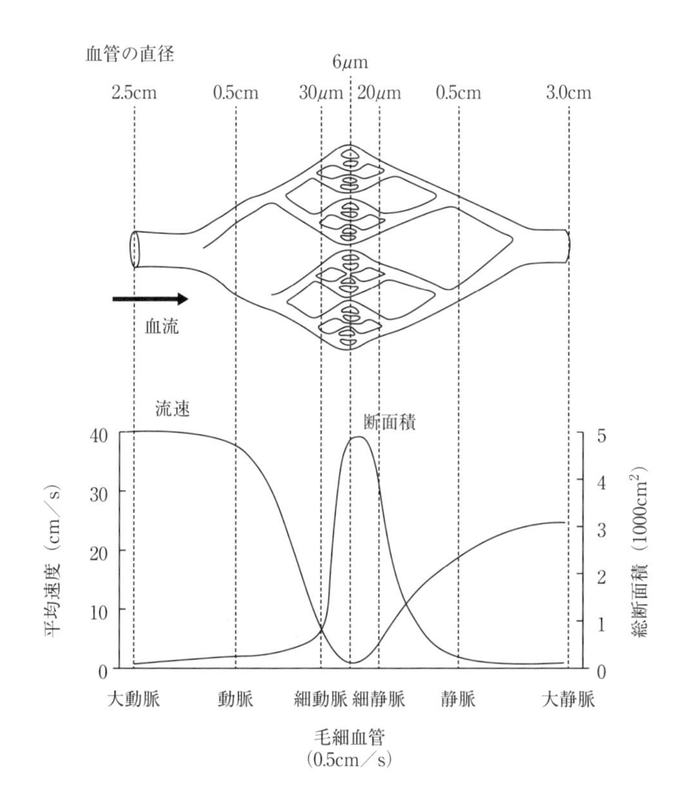

図6-2　血管の太さ(直径), 血液の流れる速さ(流速)と血管の総断面積(イヌ).
血管が枝分かれして細くなると, 抵抗が大きくなり血液の流れる速さは遅くなる. 毛細血管は細胞の周りにはりめぐらされ, 血管の総断面積は最大となる. これにより血液中の物質の細胞への取り込み, および細胞から出る物質の血液中への放出の効率がよくなる. (太田次郎ら, 1994より)

応じて血圧を上げる必要性が生じ，肥満の人が高血圧になる理由のひとつと考えられています．また毛細血管は加齢とともに減少します．皮膚の汗腺も加齢とともに減少します．ですから，お年寄りは高温時に熱の放散量が減り，汗の気化熱による体温低下の効率も落ちるので，熱中症になりやすくなります．

ヒトのからだで毛細血管を直接見る機会はあまりありませんね．眼が充血したときに白目の部分で見られることがあります．魚のメダカ（ヒメダカ）を麻酔して尾びれの血管を顕微鏡で見ると血液の流れがみられます．血液が速くなったり遅くなったりしながら流れている血管が動脈で，血液の速さが一定の速さの血管が静脈です．血液の流れと言っても実際に液体の流れの速さが見えるのではなく，血管の中の赤血球の動きで血液の流れの速さがわかります．ちなみに魚の赤血球には核があります．魚類から鳥類まで赤血球には核があり，核がない赤血球をもつのは哺乳類だけです．おもしろいことにメダカの血管を見ていると，尾びれの先端のほうでは赤血球の流れがゆっくりとなり，血管がUターンしているところが見られます．この場合は，毛細血管のUターン前が動脈，Uターン後が静脈と言えるのではないでしょうか．学生実習で，血管の中を赤血球が流れているところを実際に顕微鏡で観察してもらうと，血液の流れが実感できるのか，学生達はとても興奮します．

6-2 脊椎動物の心臓

多くの脊椎動物では2つの理由から強力なパワーの心臓をもちます．その理由のひとつは，血管の中に毛細血管という細く水の流れの大きな抵抗になる部分があるからです．心臓に，すべての毛細血管に血液を通り抜けさせるだけのパワーがないと循環は滞ってしまいます．もうひとつの理由は，脳などの心臓より上に位置する器官に血液を持ち上げなければならないということです．鳥類，哺乳類では頭と首が心臓より高い位置にあります．血液を下に流すのは簡単ですが，血液を重力に逆らって持ち上げるには強力なパワーの心臓が必要です．強力なパワーが必要ということは，それだけエネルギーが必要ということになります．自動車のエンジンが大きくなればパワーが増しますが，ガソリンの燃費が悪くなるのと似ていますね．

それでは心臓より下の器官に流れ込んだ血液はどうやって心臓に戻ってくるのでしょうか．強いいきおいで動脈から血液を流し続ければ，毛細血管を経た静脈の血液はその圧力で心臓まで上がってくるのでしょうか？　ベッドに横たわっていれば，血液は水平移動ですから，それでもよいかもしれませんが，立っているとき，座っているときは，心臓の力だけでは血液は戻りません．筋肉の力を借ります（図6-3）．静脈には弁がついていて，血液は心臓に向かう方向にだけ押されて流れます．腕や足の筋肉が収縮して静脈を圧迫すると血液

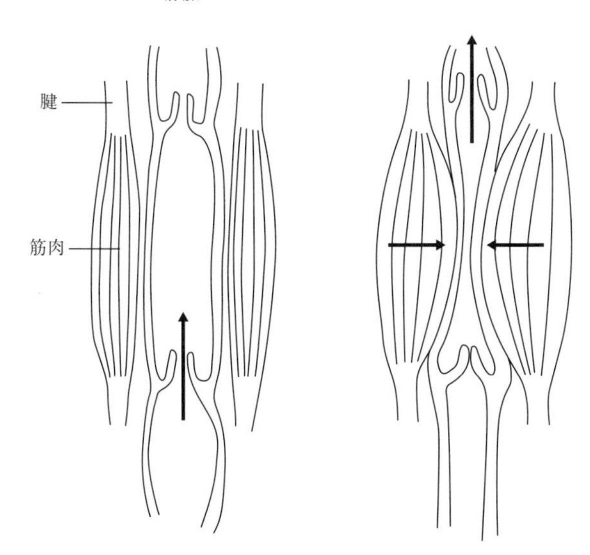

図6-3　静脈血の移動.

筋肉の収縮により静脈は圧迫され，血液は下から上に上がる．静脈には弁があり，血液は心臓に向かって流れ，逆流しないようになっている．

は心臓のある方向に向かって流れます．このことからふくらはぎは「第二の心臓」と呼ばれています．ずっと立ちっぱなし，座りっぱなしでいると足がむくんで来ます．この状態が長く続くと血液の中に固まり（血栓）ができ，呼吸器に悪影響がでます．いわゆるエコノミークラス症候群です．正式名は肺血栓塞栓症（はいけっせんそくせんしょう）あるいは静脈血栓塞栓（じょうみゃくけっせんそくせん）です．最近の研究では，長時間座っていることは喫煙と同じくらい健康に害があるとのことです．長い時間休みなく座り続けることが問題で，トータルで長時間座っていても，30分に1回程度，立ち上がって歩くと，健康への害は大きく減少するそうです．

脊椎動物の心臓は，魚では一心房一心室，両生類では二心房一心室，爬虫類，鳥類，哺乳類では二心房二心室です．哺乳類ではポンプが2つあると考えることができます．心房は肺あるいは全身から血液が入ってくるところで，入ってきた血液を心室に移動させ，心室は勢いよく血液を肺または全身に送り出しま

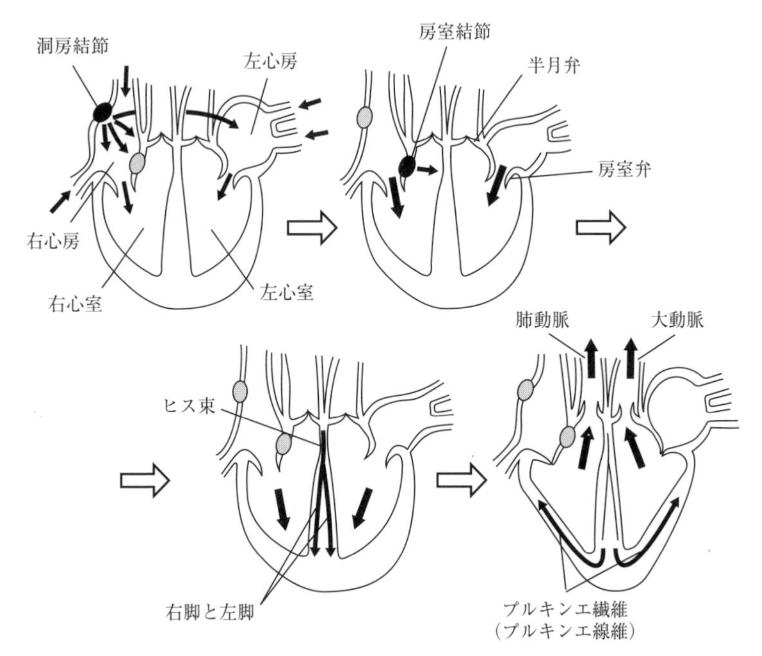

図6-4 心臓の刺激伝達系と心周期の模式図.

上段左：心房弛緩・心室弛緩. 房室弁開・半月弁閉. 右心房にある洞房結節が左右の心房に刺激を送る.
上段右：心房収縮・心室弛緩. 房室弁開・半月弁閉. 洞房結節の刺激により心房が収縮. 血液は心房から心室へと下向きに流れる. 洞房結節の刺激は房室結節に伝わる.
下段左：心房収縮・心室弛緩. 房室弁開・半月弁閉. 房室結節の刺激は, ヒス束, 右脚, 左脚へと伝わる.
下段右：心房弛緩・心室収縮. 房室弁閉・半月弁開. ヒス束, 右脚, 左脚の刺激はプルキンエ繊維（プルキンエ線維）に伝わる. プルキンエ繊維の刺激により心室の筋肉は下から上へと収縮する. 血液は心室から上向きに肺動脈, 大動脈へと勢いよく流れる.
心臓から出る血管の位置関係は, 血液の流れ, 弁の開閉をわかりやすくするため, 実際より少しずらして描いてある.

す．順番に血液の流れをみていくと（**図6-4**），全身から右心房に戻ってきた二酸化炭素の多い血液は右心室に移動し，右心室の収縮によりいきおいよく肺に向かって出されます．肺で二酸化炭素を放出し，酸素を取り込んだ血液は左心房に戻ります．血液は左心房から左心室に移動し，左心室からいきおいよく全身へと流れていきます．心房と心室の間には弁（房室弁）があり，心室と心室から出る血管の間にも弁（半月弁）があり，血液は逆流しないようになっています．この弁が閉じたり開いたりするときに音が出て，それが心音，いわゆるドキドキ，あるいはツー・トンです．英語では，lub-dub と言うそうです．

6-3 心臓のペースメーカー

心臓の筋肉（心筋）は腕や脚にある筋肉の横紋筋と似たような横紋筋ですが，自律神経による調節を受けているので意識的に動かすことはできません．さらに心筋のなかでも特殊心筋と呼ばれる筋肉は自発的にリズムをつくるペースメーカーのはたらきをもっています．また自律神経の調節も受けています．右心房の上のほうにある洞房結節（とうぼうけっせつ）と呼ばれる部分が拍動のリズムを作り出します．ここから心房の他の部位，心室へと刺激が伝わり，心房の収縮・心室の弛緩→心房の弛緩・心室の収縮→心房・心室の弛緩，といった順で拍動が形成されます．カエルを麻酔して解剖し，拍動をしている心臓を取り出しても，しばらくの間，心臓だけで拍動を続けます．心臓には独自のペースメーカーがあるからです．気持ち悪い？　取り出した心臓を心房と心室に切り分けると，心房と心室の両方が異なるリズムで拍動することがあります．この場合，心室は洞房結節からの刺激がなくなり，独自のリズムで拍動をします．さらにこの心房，心室を２つに切り分けると，片方の心房あるいは心室が拍動を続けます．これは切り分けられた２つの心房あるいは心室の拍動を続けているほうにペースメーカーある，ということを示しています．心臓は固有心筋と特殊心筋からなりますが，特殊心筋は５か所にあり，これらの心筋（洞房結節，房室結節，ヒス束，左脚と右脚，プルキンエ繊維，医学系ではプルキンエ線維と書く）は独自のリズムをつくることができるペースペーカーのはたらきができます．このうち洞房結節のつくるリズムに他のペースメーカーはリズムを同調させています．洞房結節が調子を崩したり損傷すると，房室結節が中心となってリズムをつくります．これらの２つのペースメーカーがはたらかなくなると，ヒス束，左脚と右脚，プルキンエ繊維がリズムをつくるのですが，これらのつくるリズムは，頻度が低く，脳への血流が不十分になります．

心臓には，左右の静脈が上から心房へとつながっています．最初に右心房の上端にある洞房結節の刺激により，右心房，左心房の筋肉が上から下へと収縮します（図6-4）．そうすると血液は心房から心室へと移動します．次に洞房結節から刺激を受けた房室結節が刺激をヒス束に与えます．ヒス束は刺激を右脚と左脚に伝え，刺激は一気に心室の尖端に届きます．尖端に届いた刺激はプルキンエ繊維に伝わり，心室の筋肉は下から上へと収縮します．その結果，血液は心室の上につながる動脈に強いいきおいでこれまでとは逆の向きに押し出されます．うまくできていますね．心房の収縮と心室の収縮にずれがあること，心室の収縮が下から上へと起こること，逆流を防ぐ弁があることなど，なんだか精巧なエンジンのしくみをみているようです．

上記のペースメーカー刺激は電気的なものであり，心房，心室が収縮するときにも電気的な変化が起こります．この電気的変化をからだの表面につけた電極で体外から測定したのが心電図です．体内の電気的変化を体外から測定ができるというのはすごいことだと私は思います．また心臓に異常があると心電図の波形が変化することから，心電図を測定することにより心臓が正常に働いているか，という健康診断ができるわけです．すごいですね．

心臓は自律神経により調節されていて，交感神経により拍動は速くなり，副交感神経により拍動は遅くなります．運動をしてより多くの酸素が必要な時は，交感神経がはたらいて，血液の流れを速くして全身にすばやく酸素を送れるようになっています．また休んでいるときは，それほど酸素を必要としないので，副交感神経により，拍動はゆっくりとなります．心臓は胎児のときにできて，基本的に死ぬまで1回も休まずはたらいてくれます．たまには休ませてあげたいと思いますが，そうはいかないですね．

心拍数（脈拍）は子供の頃は速く，13歳くらいから大人と同じ速さになると言われています．成人で60~80です．定期的に運動，スポーツを続けると脈拍は低くなります．スポーツに適応するためです．心臓が大きくなり，1回に拍出する血液の量が多くなります．これにより運動時により多くの血液を筋肉に送ることができるようになり，また平常時の心拍数は少なくなります．

コラム 14 キリンの血圧

哺乳類の中でもキリンは長い首をもち，心臓から頭まで約 2 m の高さがあります．ですから強力な心臓をもち，ポンプアップしないと血液が脳まで届きません．またキリンの血圧はヒトよりはるかに高く，ヒトの正常値は 80 ～ 120 mmHg ですが，キリンの血圧は 160 ～ 260 mmHg とのことです．しかし，それではキリンが池の水を飲むために頭を下にしたらどうなるのでしょうか．もし首の血液がいっきに下まで行ったら頭の血管が破裂してしまいます．そこはうまくできていて，キリンの首の静脈にはところどころに弁があって，静脈の血液が下に落ちることを防ぎます．また血液が一度に頭に流れすぎないようなしくみがあります．後頭部の動脈の先にワンダーネット（奇驚網）と呼ばれる特殊な毛細血管の塊があり，ワンダーネットが下りてきた血液を取り込んで，一度に大量の血液が脳へ流入することを防いでいます．おもしろいですね．

コラム 15 スポーツと脈拍

私は大学生の時にアメリカンフットボールをやっていました．保健体育の講義中，あまり面白くなくてつい居眠りをしてしまいました．ふと目を覚ますと，先生が，「さあ，皆さん，自分の脈拍を測ってみましょう.」と言うのです．100 人くらいの学生が講義を受けていましたが，先生が，脈拍が 80 台の人手を挙げて，じゃあ 70 台の人，といった感じで 60 台，50 台，と進み，先生が 40 台と言ったときに私が手を上げると，講義室から，おおっという声が聞こえました．そのときの私の脈拍は 48 でした．私の他にもうひとり脈拍が 40 台の学生がいました．先生は，私に「あなたは何かスポーツをやっていますか？」と聞くので私は「はい，アメリカンフットボールをやってます.」と答えました．そして先生は「彼はきっと優秀な選手に違いない.」と皆に言ってくれましたが，心拍数と運動能力は必ずしも一致しません．私は試合では活躍できない選手でした．

話はここで終わりではありません．隣で一緒に講義を受けていた友人が，「お前，眠っていたから脈拍が低いんだろう，そんな低いはずはない！」といって私のことを信用しませんでした．そこで私は腕を出して，彼が自分で私の脈拍を測りました．そうしたらやはり脈拍は 48 で，彼は「本当だ！」と驚いていました．今は私は 60 歳代で，この原稿を書いているときに脈拍を測ってみたら，60 でした．

コラム 16 胎児の心臓の血液の循環

胎児の心臓には特別なしくみがあります．右心房と左心房の間に卵円孔という穴があり，血液が右心房から左心房に流れます．また肺動脈と大動脈をつなぐ動脈管という管があります．これらのしくみによって肺に行く血液の量が減ります．胎児は肺での呼吸運動（呼吸の練習）をしていますが，口から空気が入るわけではないので，肺でのガス交換はできません．胎児は，胎盤とへその緒をとおして，母親から酸素をもらい，母親に二酸化炭素を受け取ってもらっています．出産後，赤ちゃんがおぎゃーと泣く時が初めての肺呼吸になります．そして卵円孔，動脈管は閉じます．たまに卵円孔，動脈管が出産後も閉じないことがあります．それぞれ卵円孔開存症，動脈管開存症と呼ばれます．これらの場合，肺に十分な血液がいかなくなるので治療が必要となります．

第７章　呼　吸

7-1　外呼吸と内呼吸

大学の一般教育の生物学の講義で，文科系の学生に，「なぜ我々は呼吸をしているの？」と聞くと，「空気中の酸素が必要で，酸素がないと生きていけないから」，と答えてくれます．そして次に，「それではなぜ酸素が必要なの？」と聞くと，「それはわからない」，というのがほとんどの学生の答えです．そこで私は，「前に『食べ物にはエネルギーが化学エネルギーとして閉じ込められている』という話をしましたよね」，とエネルギーの話を思い出させます．「食べ物がもつ化学エネルギーを我々が使えるような形にする化学反応には，酸素と水が必須なんです」，と説明します．そして続けて，「体内で化学反応が起こると，エネルギー，水と二酸化炭素ができるんですよ」，と説明しています．学生は，「へえー，そうだったの」，と不思議そうな顔をします．

外から空気を肺に酸素を取り入れてからだの二酸化炭素を放出することを外呼吸，体内で栄養素を分解してエネルギーを得ることを内呼吸あるいは細胞呼吸と言います．ヒトの体内でグルコースを分解してエネルギー（ATP）ができる過程の化学反応の詳細については，生物学の教科書を参照して下さい．生物によっては，我々とは異なる様式でエネルギーを得るものがいます．酵母（イースト）はグルコースを分解してエネルギー，二酸化炭素とアルコールをつくります．お酒のアルコールは酵母がつくっているんです．乳酸菌はグルコースを分解してエネルギーと乳酸をつくります．乳酸菌飲料，ヨーグルト，漬け物の酸味は乳酸菌のつくる乳酸によるものです．酢酸菌はアルコールを分解してエネルギーと酢酸をつくります．食用酢あるいは強い酸味の漬け物は酢酸菌によるものです．

7-2 動物の呼吸器官

細かい化学反応はこれくらいにして，動物の呼吸器官についてみてみましょう．我々は酸素を体内に取り込まなければ生きていけませんが，残念ながら，我々は酸素分子を拡散でしか体内に取り込むことができません．Na^+，K^+，Ca^{2+} などは，それぞれの周囲の濃度に関係なく能動輸送によってエネルギーを使って細胞内に取り込むことができます．また酸素分子は水中か湿り気のあるところでないと体内への拡散が起こりません（図 7-1）．哺乳類，鳥類，爬虫類では，からだの水分を逃がさないため，また細菌感染を防ぐため，皮膚は乾燥しています．ですから皮膚からの酸素の取り込みはごくわずかです．両生類の皮膚は湿り気があり，皮膚は肺と同じくらい重要な呼吸の役割りを果たしています．両生類の皮膚は湿っていて細菌感染の可能性が高くなりますが，皮膚に抗菌ペプチドと呼ばれるペプチドを持っていて，細菌感染を防いでいるそうです．

酸素を取り込むのは拡散ですから，第2章でも述べたように呼吸器官の表面積を大きくする必要があります．呼吸器官の表面積を大きくするやり方として，

酸素と二酸化炭素の交換

拡散による．

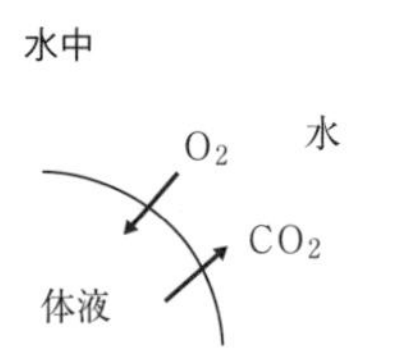

能動輸送などなし．

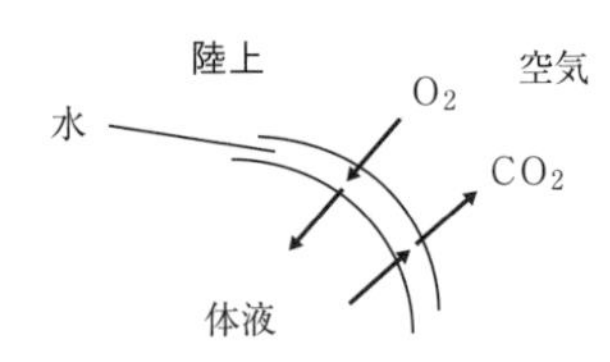

体表面の水に酸素が
溶け込むことが必要

図7-1 酸素と二酸化炭素の交換．
水中では，細胞膜を酸素と二酸化炭素が拡散により移動する．陸上動物の場合，乾いた皮膚では拡散が起こりにくく，どこかに湿った部分を作る必要がある．哺乳類，鳥類，爬虫類の肺の内側は湿っている．両生類では肺の内側と皮膚が湿っている．

水生動物の鰓にみられる枝分かれ型と陸上動物にみられる折れ込み型です（**図7-2**）．折れ込み型の袋状になった部分の内側は湿っていて，ここで酸素の取り込み，二酸化炭素の放出が起こります．

水生動物のゴカイ，ヒトデ，ハマグリ，ザリガニ，魚類などの動物は鰓をもっています．鰓のメリットとしては，鰓は基本的に水中なので，陸上動物の呼吸器官とは異なり，鰓からからだの水分が奪われるということはありません．鰓は水に溶けた酸素を取り込みます．同じ場所で酸素を取り入れていると，鰓の周囲の水の溶存酸素が減ってしまうので，鰓のまわりにはたえず酸素の多い新しい水がくることが必要です．水生動物では，水がある程度流れるところに生息するか，自分で水流を作って周囲の水を動かします．魚の鰓はとてもよくできた水中の呼吸器官です．口から水を吸ってからだの両側にある鰓穴から水を出します．水の流れは前（口）から後ろ（鰓穴）です．それに対して鰓の血管の中の血液の流れは後ろから前に流れています．酸素の少ない血液が酸素の多い水と出会う形で効率よくガス交換が行われます（**図7-3**）．これもひとつの対向流です（**図7-4**）．酸素を取り込むところ（口）と二酸化炭素を出すと

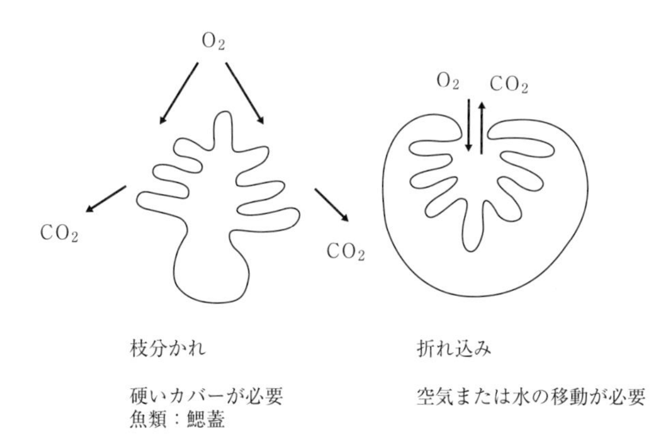

図7-2　動物の呼吸器官．
左：樹状型で呼吸器官の表面積を増やしている．右：折れこみ型で呼吸器官の表面積を増やしている．

ころ（鰓穴）が別にあり，水の流れが一方向に進むことでも呼吸の効率が上がります．あとで説明しますが，哺乳類の肺はこううまくはいっていません．魚の場合，口をあけて泳ぐと新しい水が口に入ってきます．じっとしているときは，鰓蓋を動かして口から鰓穴への水流をつくります．

しかし，鰓にはいくつかのデメリットもあります．表面積を広くするために，鰓のかたちは多くの細い紐状の形をしています．ちょっとした衝撃で鰓は傷ついてしまいます．そのためザリガニ，ハマグリ，魚類などは，それぞれ甲，貝殻，鰓蓋といった硬いもので鰓を覆って，鰓を保護し，そのすきまを水が流れ

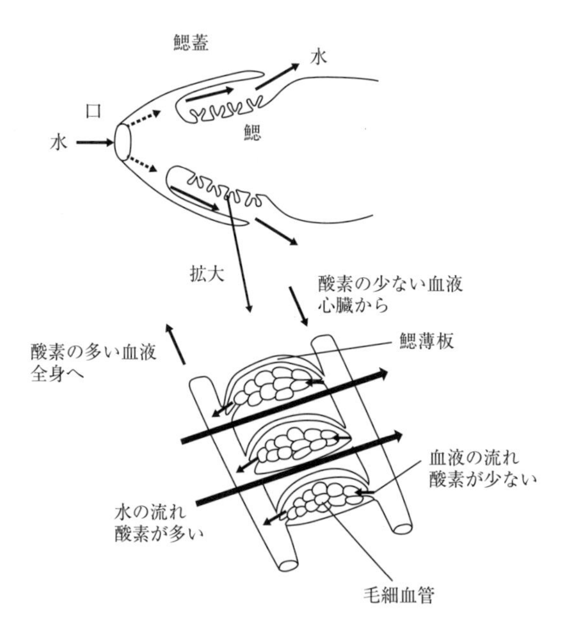

図7-3　魚の鰓における対向流システムによるガス交換.

上：魚のからだ，鰓を上から見た図. 口から入った水は消化管に行くのではなく，鰓蓋の隙間から外に出る.

下：鰓の拡大図. 2本の血管の間を垂直に鰓薄板が位置する. 鰓薄板の中に毛細血管がある. 酸素を多く含んだ水は前から後ろに鰓薄板の隙間を流れる. 血液は鰓薄板の後ろから前に毛細血管の中を流れる. この対向流システムにより効率よくガス交換（酸素を取り込み二酸化炭素を出す）を行う. 図7-4参照.

魚類の心臓は一心房一心室で，全身から心臓にもどってきた二酸化炭素の多い血液は心臓によって押し出されて鰓に行き，ガス交換を行い，全身へ酸素を分配する.

水の流れと血液の流れが同方向だったら

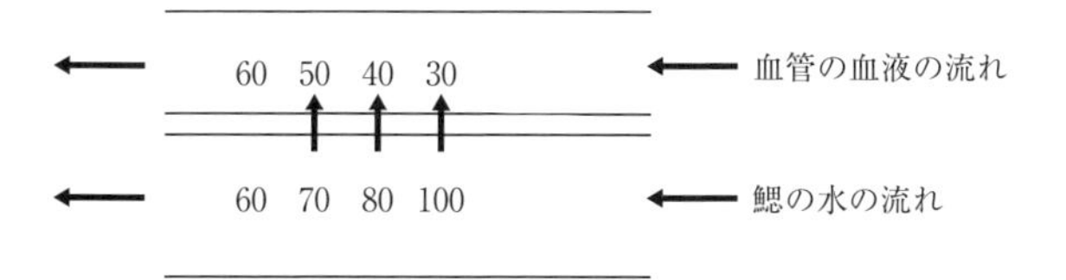

対向流による鰓での酸素の取り込み

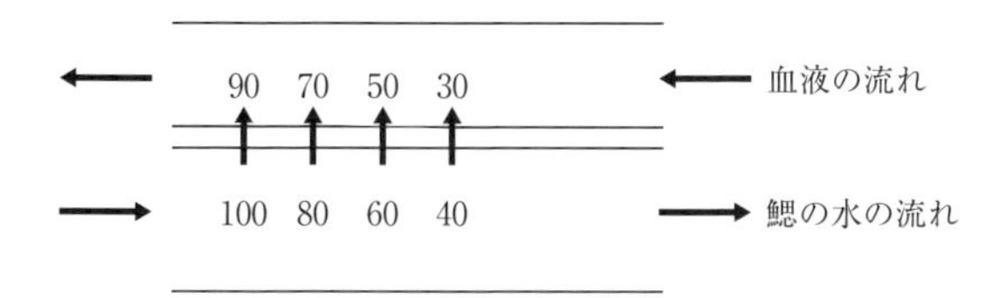

図 7-4　魚の鰓における水中の酸素の血液への取り込み.
図中の数字は酸素濃度の相対的な値を示す.
上：今，仮に血管の中の血液の流れと鰓の中を通る水の流れが同じ方向だった場合を考えるとする．魚の血液は，全身で細胞に酸素を渡し，酸素の少ない血液が心臓にもどり，心臓から鰓に向かう．鰓で酸素を多く含む水と出会い，水中の酸素は拡散により，水から血液へと移る．今，上の図が示すように，血液の流れと水の流れが同じ方向だとすると，酸素は少しずつ血液の方に拡散し，血液中の酸素濃度は上がるが，最後には，水中，血液中の酸素濃度が同じになる．
下：それに対して，血液の流れと，水の流れが逆方向（対向流）の場合はどうなるか．血液は酸素濃度の少ない状態で血管に入って，水は反対側から酸素の多い状態で鰓の血管の周りを流れる．水の酸素は少しずつ血管中に移動する．血液中の酸素濃度は少しずつ上昇する．その結果，どの部位でも水の酸素濃度より血液中の酸素濃度が低い状態となり，酸素は水から血液へと効率よく移動することになる．

るようになっています．鰓が外界に面していない分，水を取り込むためのエネルギーを多く使うことになります．カニのカニ味噌（中腸腺）はおいしいのですが，ガニと呼ばれる部分は食べません．これはカニの鰓なんです．ザリガニの鰓がどこにあるのか，今度図鑑で調べてみてください．こんなところに鰓が隠れていたんだ，ときっと驚くでしょう．

水生動物にとって水中の溶存酸素は重要ですが，その酸素量は空気中の酸素よりはるかに少なく，水温，塩分などの影響を受けます．水には 1 L あたり 4～8 mL の酸素しか溶けていません．空気中では約 78％が窒素，21％が酸素です．

1 L の空気のうち，210 mL が酸素です．小さな水槽に魚をたくさんと入れておくと，やがて魚は「鼻上げ」と呼ばれる水面近くでの呼吸を始めます．これは水中の酸素が減り，空気に触れている水面近くの溶存酸素の高いところで呼吸をしていると考えられています．そのため魚を飼うときはいわゆるブクブク，エアーポンプで水中の酸素を補給してあげます．さらに補足しておくと，魚を飼う時のこつとして，水槽内で酸素を補給するだけでなく，魚の排出したアンモニアを分解するしくみが必要です．これが濾過槽です．多くの人は，濾過槽はゴミをとる役割だけを考えていると思います．これはいわゆる物理濾過です．濾過槽のもうひとつの役割には，濾過槽内で繁殖した微生物が，魚の出した有害なアンモニアを毒性の少ない亜硝酸イオン，硝酸イオンのかたちに変えてくれることです．これを生物濾過と言います．ブクブクだけで魚を長期間飼っていると水中にアンモニアがたまり，水質が悪化して魚は具合が悪くなります．

話を呼吸に戻しますね．水中では酸素の拡散速度は，空気中の約 1/8000 と極めて遅く，酸素不足になりやすいというデメリットがあります．さらに魚の場合，水の流れのないところでは，泳いで新しい水を得るか，鰓蓋で水を動かして水流を作ります．この場合，水の抵抗は大きく，新しい水を得るためにたくさんのエネルギーを使うことになります．

陸上動物の呼吸器官は，昆虫の気管，クモの書肺，両生類，爬虫類，鳥類，哺乳類の肺があります．ここでは哺乳類と鳥類の肺についてみてみましょう．ヒトの肺はからだの内臓の中でも上の方に位置します．**胸腔**（きょうこう．医学系では，きょうくう）と呼ばれる部屋にあります．下の部屋は**腹腔**（ふっこう．医学系では，ふっくう）と呼ばれ，消化・吸収にかかわる器官などがおさまっています．胸腔と腹腔の仕切りは筋肉でできた横隔膜です．胸腔には肺と心臓があります．口から空気と食べ物が入り，鼻からは空気が入ります．口と鼻の通路はのどでつながっていて，のどの先でまた 2 つの管に分かれます（**図 7-5**）．からだの前の方の管が気管で肺につながります．後ろの方の管が食道です．食道は横隔膜を突き抜けて胃へとつながります．**鼻腔**（びこう．医学系では，びくう）とのどおよび気管と食道の間には，それぞれの通路をふさぐための 2 つの蓋があり，食べ物を飲み込む時には，食べ物が鼻腔，気管にいかないように蓋で閉じます．ですから，食べ物を飲みこむ時は，息ができなくな

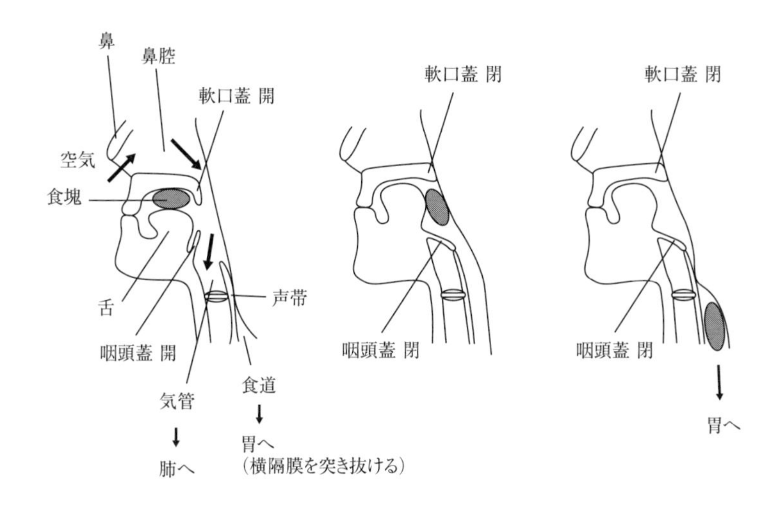

図7-5　気管と食道の位置.

左：呼吸をしているときは軟口蓋，喉頭蓋は開いて，空気は気管をへて肺に行く．空気は食道には行かない．中：食べ物を意識的に飲み込むとき（嚥下）は，軟口蓋，喉頭蓋は無意識に閉じ，食べ物が気管に行かないようになる．食べ物を飲み込むときは，一時的に呼吸ができなくなる．右：食べ物が食道に入ると，無意識に蠕動運動が始まり，食べ物は胃に行く．図の中の歯は省略してある．あわてて食べ物，飲み物を飲み込むと，軟口蓋が開いていて，食べ物，飲み物が鼻腔（びこう．医学系では，びくう）に行くことがある．また食べ物，飲み物が気管に入ることがある．食べ物はゆっくり噛んでゆっくり飲み込みましょう．また「中の図」の状態で食塊が移動しなくなると，いわゆる食べ物がのどにつまった状態になり呼吸ができなくなる．さらに食べ物が気管に入って気管をふさぐこともある．この場合も呼吸ができなくなる．お餅を食べたときは，よく噛んで小さくしてから飲み込みましょう．

ります．食べ物が間違って気管に入ると，食べ物が肺に行かないように反射的に咳が出て食べ物を戻そうとします．それでも食べ物が肺に行ってしまうと，食べ物についていた雑菌が肺で増殖し，誤嚥性肺炎（ごえんせいはいえん）を起こすことがあります．そんなに食べ物に雑菌がついているの？　と思うかもしれませんが，日常的に無菌ということはほとんどありません．でも安心してください．食べ物，飲み物のほとんどの雑菌は胃でつくられる塩酸で死にます．

食べ物，飲み物を急いで飲み込もうとすると，息が苦しくなって，むせて空気が逆流することがあります．そうするとしばらくして鼻の穴からご飯粒がポロリ，ということがありますね．子供の頃，牛乳の早飲み競争をして，むせて，「鼻から牛乳がたらり」というのを見たり，経験した人はいるのではないでしょうか．私？ 私は牛乳の早飲み競争に勝てるほど早く牛乳は飲めなかったので，「鼻から牛乳」の経験はありません．

鼻はにおいをかぐだけでなく，呼吸のためにも重要です．外気温が低いとき，口で息をすると冷たい空気が直接肺に行って胸が痛くなることがあります．私はカナダ留学時代，気温マイナス20℃の冬に何回かこの経験をしました．鼻から入った空気は鼻腔で温度を上げてから肺に行きます．また鼻腔の粘膜で雑菌を捕獲し，肺に行かないようにします．雑菌は粘液とともに胃に流れ込んで殺菌されるか，鼻水となって鼻をかむことによって，体外に出されます．

陸上動物は，水中に比べて，空気中の豊富な酸素を取り込んでいます．また空気中では酸素の拡散は水中より速く，また空気の抵抗が水の抵抗より小さく，ガス交換のためにからだを動かすのが容易となります．哺乳類の肺には，肺胞と呼ばれる小さな袋状の構造がたくさんあります．肺の内面の表面積をより広くしています．そしてこの肺胞の内面は湿った状態で，ここで酸素と二酸化炭素の交換が空気と水の間で起こります．しかし，肺胞の水分が呼気と同時に蒸発して失われてしまいます．陸上動物はいつどこで水が得られるか保証がないので，水分を失うということは，大きなデメリットとなります．

7-3 ヒトの呼吸気管

哺乳類の肺の周りに筋肉はありません．ですから肺自体は自分で大きくなったり，小さくなったりすることはできません．外肋間筋の収縮により肋骨が持ち上がり，横隔膜が収縮して下に下がり，胸腔の広さが広くなります．そうすると肺に陰圧がかかり，肺が引っ張られて大きく膨らみます，その結果，空気が口，気管をとおって肺に入ります．外肋間筋が緩んで肋骨が下がり，横隔膜が弛緩して上がると胸腔は狭くなり，肺は陽圧により押されて小さくなります．その結果，肺の中の空気は口から外に出ます．これが外呼吸のしくみです．呼吸にかかわる器官は，通常は自律神経により無意識に調節されていますが，必要に応じて意識的に深く呼吸をしたり，呼吸をとめることができます．

次に人の肺の空気の入れ換えについての概略を説明しますね．図7-6の1番左は，現実では起こらないことですが，仮に肺の空気を全部はき出した状態

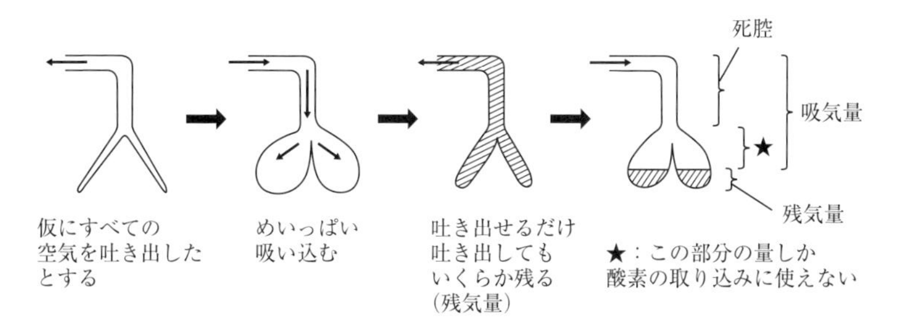

図7-6　哺乳類の肺における換気.
仮にすべての空気を吐き出したとして, 次にめいっぱい空気を吸い込む. そして空気を吐き出しても, いくらかの空気は残ってしまう (残気量). そして空気を吸い込んだとき, 口から気管支のところまでは肺胞がないのでガス交換ができない. つまりこの部分の空気は呼吸に使えない. また肺の中には残気量があり, 空気を吸い込んでも肺胞が酸素を取り込むのに使える空気は★の部分の空気だけである.

を仮定しています．次の図は，空気をめいっぱい吸ったときの状態です．その右は空気をふつうにはき出したときの状態です．人の肺は，肺の中の空気を100％押し出すことができません．ですから，二酸化炭素の多い空気が肺の中に残ってしまいます．これを残気量と言います．次にまた空気を吸ったときの状態を示します．からだの中の空気は，新しく入ってきた空気と残気量を足したものです．この新しく入ってきた空気のうち，口から気管までは，酸素を取り込むための毛細血管がなく，ここで酸素を取り入れることはできません．この部分を死腔（デッドスペース．しこう．医学系では，しくう）と言います．ということは，人の肺は呼気と吸気を一定量繰り返しているのですが，そのうちの使える空気の量は限られていて，どうもあまり効率的な呼吸器官とは言えません．情けないですね．哺乳類の中でも，首の長いキリンは，この死腔がとても大きくなっています．そのため，キリンの肺はヒトの肺の 8 倍くらい大きいそうです．鳥のハクチョウも首が長いですよね．でも鳥は首が長くても大丈夫なんです．それは次に説明しますね．

7-4 鳥の呼吸器官

鳥の呼吸器官はとても効率的に出来ています．空気の入口と出口は口と鼻孔でヒトと同じですが，空気が気管をとおって気管に戻るまでのしくみがヒトと異なります．肺の前と後ろに気嚢と呼ばれる袋があります（図7-7）．これらの気嚢は肋骨の動きに応じて膨らんだり縮んだりします．鳥に横隔膜はありません．また呼吸時に肺の大きさは変化しません．ちなみに焼き鳥のハラミは横隔膜ではありません．腹筋です．口から気管をとおって入ってきた空気は最初に後部気嚢に行きます．後部気嚢が縮むと空気は肺へ押し出されます．肺に入った空気と血管内の血液の間でガス交換が行われます．肺の空気は前部気嚢

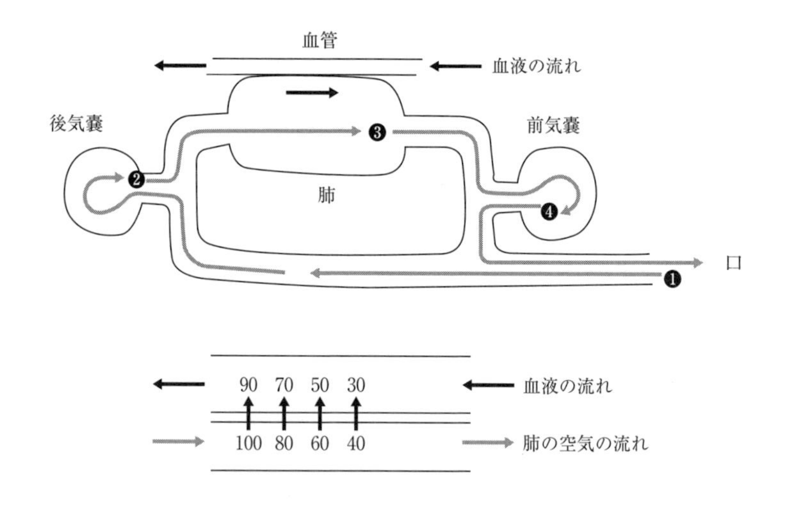

図7-7　鳥類の呼吸器官．

上：鳥類では肺の前後に気嚢があり，気嚢の収縮・拡張により空気が肺の中を通過する．❶最初の吸気で後気嚢に口から空気を吸い込む．❷呼気により後気嚢の空気が肺に入る．❸次の吸気で肺のガス交換を終えた空気は前気嚢に入る．❹呼気により前気嚢の空気は口から外に出る．2回のサイクルで肺の中のすべての空気を交換できる．さらに肺の中の空気の流れと血管は対向流システムとなっており，効率よくガス交換ができる．

下：対向流システムによるガス交換の模式図．仮に十分に酸素を含んだ肺の空気の酸素の濃度を100とする．全身から肺にもどってきた血液中の酸素の濃度を30とする．酸素は拡散で濃度の高いほうから低いほうに移動するので，対向流システムではどの部位でも酸素が肺から血液に拡散し，効率的に酸素が取り込まれる．図7-4の魚の鰓の酸素の取り込みを参照．

に移動し，前部気嚢が縮むとガス交換後の空気は気管をとおって口あるいは鼻孔から排出されます．空気の流れは，気管→後部気嚢→肺→前部気嚢→気管の順にループになっています．このしくみによって肺の中の吸った空気をすべて排出することができます．残気量がありません．そのしくみは**図7-7**に示すとおりです．さらに肺の中での空気の流れは後ろから前で，血管の中の血液の流れは前から後ろへと対向流になっていて，ガス交換の効率が高くなっています（**図7-7**）．

地上の高度が高くなると空気中の酸素が少なくなることが知られています．ですからヒトが高い山に急いで登ると酸素が足りなくて高山病になることがあります．ところがアネハヅル，インドガンといった鳥は，地上8000 mを超えるエベレスト山の上を飛んでいくことができるそうです．

魚では水の入口と出口が異なり，効率よくガス交換ができます．鳥は肺と2つの気嚢でループをつくることによって効率よくガス交換を行っています．哺乳類の肺はあまり効率がよいとは思えません．進化の過程でなぜこのような呼吸器官をつくったのでしょうか．首の横あたりに穴をあけて空気の出るところをつくったら，流れが行ったり来たりでなく一方向になり，かなりガス交換の効率が上がると思います．しかしあえてからだに余分な穴をつくることをしなかったのは，少しでも体内と体外のつながりを減らして細菌感染の可能性を下げているのではないかと私は推測しています．

7-5 酸素と二酸化炭素の運搬

陸上動物の肺で血液中に溶け込んだ酸素は，赤血球のなかのヘモグロビンというタンパク質と結合します．血液の中で，酸素は溶存酸素として運ばれるのはわずかで，赤血球の中のヘモグロビンというタンパク質に結合して全身に運ばれます．そして酸素の少ないところではヘモグロビンは酸素を放し，酸素は血液中に出て，さらに組織液，細胞へと分配されます．酸素を放したヘモグロビンは，血液の流れによって酸素の多い肺に戻り，また酸素と結合します．ここでとてもよくできていると思われるのは，ヘモグロビンが血液中に溶解しているのではなく，赤血球の中にあるということです．より多くの酸素を運ぶには血液中のヘモグロビンの量を増やせばよいのですが，血液中に多量のヘモグロビンが溶けると，血液の浸透圧が上がり，からだの細胞にとっては不都合です．そこでヘモグロビンを赤血球という細胞の中に入れます．赤血球は血液中に溶解しているのではなく，懸濁状態ですので，赤血球の数が増えても血液の浸透圧は上がりません．このようにヘモグロビンの数が血液の浸透圧に影響を与えずに酸素の運搬を行っています．浸透圧の話はこの後で話しますね．

ある種の無脊椎動物では，ヘモグロビンのかわりにヘモシアニンというタンパク質が酸素と結合し，酸素の運搬を行っています．しかし，これらの動物のヘモリンパには赤血球のような細胞がありません．ヘモシアニンはヘモリンパに溶解していて，呼吸器官で酸素と結合し，全身で酸素を放します．しかし酸素の運搬能力を上げるためにヘモリンパ中のヘモシアニンの数を増やすと，ヘモリンパの浸透圧が上がってしまいます．それを防ぐためにヘモシアニンは分子量を大きくして，分子の数を減らしています．ヒトのヘモグロビンの分子量は約65000ですが，ヘモシアニンの分子量は30万から900万です．分子量の大きなタンパク質がたくさんヘモリンパに溶けると，今度は液体に粘性が生じ，ヘモリンパの流れが悪くなります．ヘモグロビンを赤血球のなかに入れて酸素を運搬するシステムは素晴らしいシステムだと私は思っています．しかしヘモグロビンにも欠点はあります．なぜだかわかりませんが，ヘモグロビンは酸素より一酸化炭素のほうに230倍よく結合します．そのため物が不完全燃焼してできた一酸化炭素の多いところに行くと，ヒトは酸素が得られず，一酸化炭素中毒となり，死に至ることがあります．

二酸化炭素の運搬は酸素とは異なる様式で行われます．全身でできた二酸化炭素は血液に溶けこみ，赤血球のはたらきで炭酸水素イオンになり，炭酸水素イオンの形で血液中を運搬されます．炭酸水素イオンは肺に来ると赤血球のはたらきで二酸化炭素にもどり，肺から空気中へと放出されます．

コラム17 なぜ朝の息は臭い？

昼間に起きているときは，鼻腔でとらえた雑菌はたえず食道をとおって胃で殺菌されます．しかし，夜，からだを横にして寝ているときは，鼻腔内の粘液はたまります．そのため朝，起きたばかりの時は，たまった雑菌のつくるにおいで口が臭くなることがあります．私は大学生の時，講義中，はじめからおわりまでほとんどの時間，机につっぷした姿勢で居眠りをしていたことが（多々）ありました．目がさめた時，何か特別な不快感（罪悪感ではなくて）を感じたのは，鼻腔内にたまった雑菌のせいではないかと，今では推測しています．

コラム18 サカナとカエル

大学の解剖実習でニジマスの口にピンセットの先を入れて推し進めると，鰓穴からピンセットの先が出てきます．学生はそれを見て驚き，水の流れ理解し，ニジマスがたえず水を飲み込んでいるわけではないことを学びます．次にニジマスの鼻の穴を見せて，口を大きく開けて，鼻とのどがつながっていないことを見せます．そして「魚はヒトと違って鼻で呼吸ができないんだよ」と説明すると，何年かにひとり，まじめな顔をして「じゃあ，先生，魚の鼻って何をしているんですか？」と聞いてくる学生がいます．そこで私は，「そうだねえ，何やっているんだろうね？　きっとにおいをかいでいるんじゃない？」というと学生は笑いながら納得してくれます．カエルの解剖の際は，口を大きく開けて，のどに 2 つの穴があいていることを見せます．ヒトの鼻腔のような広い部屋はありませんが，鼻とのどがつながっています．

コラム19 山，地上と海

地上での空気中の気体の濃度は，窒素が約 78%，酸素が 21%，その他が 1%です．地上の空気中の酸素量は 21%ですが，標高 1000 m で 19%，2000 m で 17%，3000 m で 16%，5000 m で 13%，6000 m で 10%になると言われています．空気中の酸素が 16%より少なくなると，肺のヘモグロビンは酸素を取り込むのではなく，酸素を放してしまうそうです．本来肺には酸素の多い空気が入り，ヘモグロビンは酸素と結合するのですが，標高の高いところでは酸素が少なく，酸素の少ない状況になると，ヘモグロビンが全身にあるときと同様，酸素を放してしまいます．そうすると吐き気，頭痛などの症状が起こる高山病になります．高山病の予防は，ゆっくりと山に登る，常に深呼吸をする，水分を十分に補給することだそうです．からだを低酸素にゆっくりと順応させることが重要なようです．高山病になってしまったら，最も単純な対策は，すぐに下山することだそうです．標高 6000 m 以上の高さでは酸素ボンベがないと危険だそうです．鳥は効率的なガス交換のできる呼吸器官をもっているので，酸素ボンベなしでも高いところを飛べるわけですね．

高いところに行かなくても低酸素の場所が地上または地下にあります．深い井戸，洞窟，マンホール内，野菜の貯蔵庫，金属の倉庫などです．深い井戸，洞窟では酸素より重い二酸化炭素がたまっていることがあります．マンホール内では微生物が酸素を消費して低酸素になっていることがあります．野菜の貯蔵庫では野菜が光合成をせず，呼吸により酸素を消費しているので低酸素になることがあります．また金属を大量に貯蔵しているところでは金属の酸化により空気中の酸素が減少することがあるそうです．

海の深いところに潜って急に水面に上昇すると潜水病になることがあります．これは血液に溶けている窒素が，急な減圧により気泡化し，組織の損傷，血管閉塞などを起こします．症状としては息切れ，関節痛が起こるそうです．

第8章 浸 透 圧

8-1 浸透圧って何？

序論でも書きましたが，私は浸透圧というのはどういうものかある時期までよくわかりませんでした．文字をそのまま解釈すると何かが浸み込んで，というところまではいいのですけれど，そこから先，なぜ圧なのかよくわかりませんでした．赤血球を淡水に入れると破裂する，溶血する，との説明が教科書に出てきます．赤血球に水がどんどん浸み込んで内側から圧力がかかって破裂する？　ということは淡水は高浸透圧？　だけど淡水は低浸透圧（低張）であると書いてあります．その後，水に何かがたくさん溶けているのが高張液らしい，と考えるようになりました．しかし，何がどれだけ溶けているとどう浸透圧が高くなるのか，よくはわかりませんでした．化学の教科書の数式をみるともっと頭が混乱しました．途中経過は省略して，私が大学で教えている浸透圧とは何か，ということを説明してみましょう．

『浸透圧とは，液体にどれだけの数の粒（つぶ，粒子，分子）が溶けているかという，溶液の濃さを表すものである．そしてその粒については，粒の大きさ（重さ）や種類には関係なく，合計の粒の数が溶液の濃さを決めている．生物の細胞は，細胞の周りの液体の濃さが適切な濃さでないとうまく生きていけない．またこの濃さについては，細胞は重量パーセントの濃度ではなく，モル濃度の濃度を溶液の濃さとして感じている．重量パーセントの濃度は，液体に溶けている溶質の重さであり，溶けている溶質の分子（つぶ）の数は示していない．モル濃度は溶質の分子（つぶ）の数を表している．血液の中の細胞あるいは水の中の小石，泥の粒など，水に溶けていないもの，懸濁しているものは浸透圧に影響を与えない．』

以上が，私が学生に説明している事柄です．もっと簡単に言うと，浸透圧とは水に溶けている粒の数できまり，その粒の種類，大きさは関係ない，ということです．そして細胞活動は適切な浸透圧の中でないとうまくはたらかないということです．わかりやすく粒の大きさ，重さと書きましたが厳密には質量のことです．

8-2 キンギョの精子の運動で浸透圧を理解する

学生実習では，浸透圧を理解するために次のような実験を行っています．多くの淡水魚の精子は精巣の中では泳いでいません．いざというときのためのエネルギーを温存しています．性成熟した雄のキンギョの精液をスライドグラスにとり，顕微鏡で観てみると，たくさんの精子の頭が見えますが，泳いでいません（鞭毛は細すぎて光学顕微鏡ではよく見えません）．そこに1滴の淡水（水道水の塩素を蒸発させたもの）をたらすとほとんどすべての精子が激しく泳ぎだします（図8-1）．過去の研究（私の尊敬する森沢正昭先生の大発見）

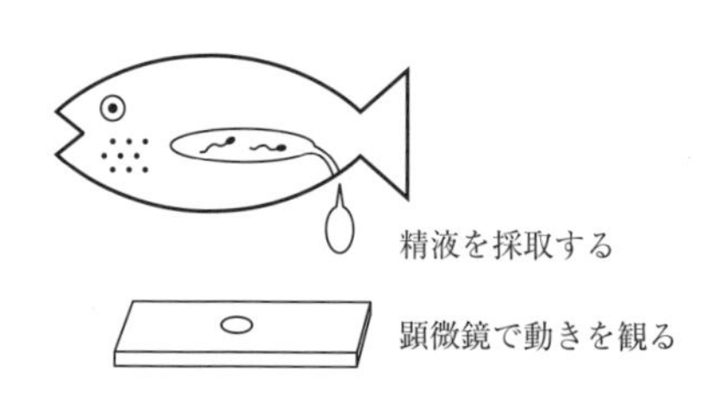

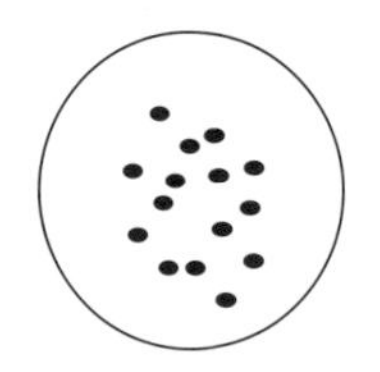

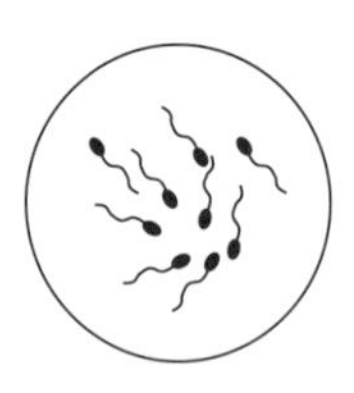

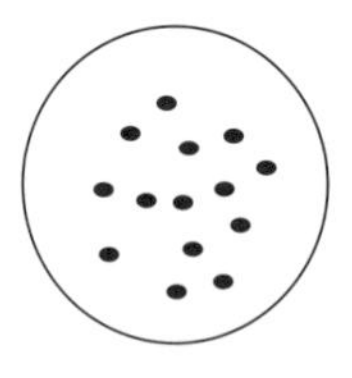

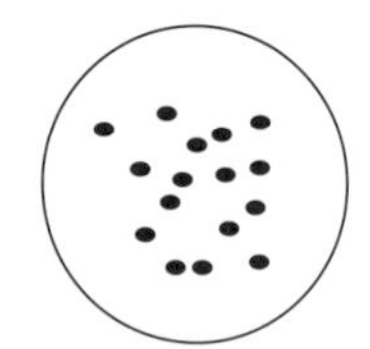

図8-1　キンギョの精子の運動開始と環境浸透圧の関係.
性成熟したキンギョの雄から精液を採取する. 精巣内, 取り出した精液の中では精子は運動をしていない. 環境の浸透圧が低張になると精子は泳ぎだす. 0.9%NaCl（等張）, 海水（高張）では精子は泳がない.

から多くの淡水魚の精子は，環境中の浸透圧がある程度低下するとそれが引き金となって泳ぎだす，ということが知られています．淡水の代わりにキンギョの体液と等張と言われる生理食塩水（0.9% NaCl:100 mL の蒸留水に 0.9 g の NaCl を溶かしたもの．99.1 mL の蒸留水に 0.9 g の NaCl を溶かしたものではない）あるいは海水をたらしても精子は泳ぎません．これらはそれぞれ等張，高張であり，精子の運動の引き金にはなりません．たしかに生理食塩水，海水には淡水より多くのものが溶けているのはイメージできると思います．

次に以下のような比較をしてみます．0.9% NaCl，0.9% KCl，0.9%グルコースを用意します．これらの溶液を精子にかけてみると，0.9% NaCl では前と同じように泳ぎません．ところが 0.9% KCl，0.9%グルコースでは，精子は泳ぎだすのです（**図 8-2**）．同じ 0.9%なのになぜ 0.9% KCl，0.9%グルコースでは泳ぎだすのでしょうか？　蒸留水には同じ重さ（厳密には質量）の物質が溶けているのだから溶液としては同じ濃さではないのでしょうか．しかし動物の細胞のひとつである精子は，0.9% NaCl と 0.9% KCl，0.9%グルコースを違うものと感じるようです．精子は 0.9% KCl，0.9%グルコースを低張と感じているようです．

混乱しないようにゆっくり考えましょう．0.9% NaCl と 0.9% KCl，0.9%グルコースは 100 mL に同じ重さの溶質が溶けていますが，それぞれの溶液に溶けている分子（つぶ）の数は同じでしょうか？　この点について計算をしてみましょう．Na の原子量は 23，Cl の原子量は 35.5，K の原子量は 39，グルコー

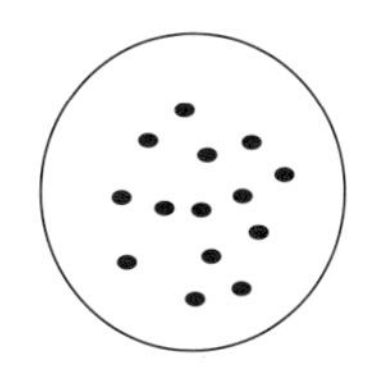

0.9%NaClを加える
精子は泳いでいない

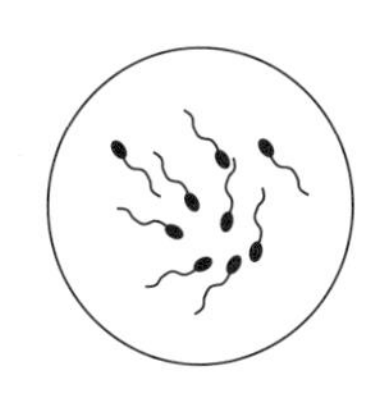

0.9%KClを加える
精子は泳ぎだす

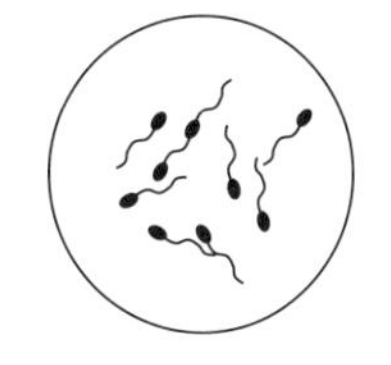

0.9%グルコースを加える
精子は泳ぎだす

図 8-2　溶質の濃度と精子の運動.
NaCl, KCl, グルコースとどれも同じ0.9%の濃度の溶液であるが, 0.9%KCl, 0.9%グルコース溶液では精子は泳ぎだす. なぜだろうか?

スの分子量は180です．今，0.9% NaClと0.9% KCl，0.9%グルコースをつくりましたが，それぞれの物質について，分子の数（つぶの数）はどれくらいになるでしょうか．1モルは分子が6.0×10^{23}個集まったときのその分子の重さです．この6.0×10^{23}個をアボガドロ定数と言いますが，ここでは気にしなくていいです．

1モルのNaの重さは23 g，1モルのClは35.5 g，1モルのKは39 g，1モルのグルコースは180 gになります．これらは重さは違いますが，粒の数は同じです．それでは0.9% NaClという濃度の生理食塩水には，何モルのNaClが溶けているのでしょうか．生物学の世界では，分子の数を表すのはモル（mole），1Lの水にどれだけの数の分子が溶けているか，という溶液の濃さを表すのにはモル濃度（molarity），モル / L（モル・パー・リットル），という言い方をします．なおふつうはあまり使いませんが，モル濃度にモル / kgという場合もあります．この場合は英語でmolalityと言います．

生理食塩水は，100 mLに0.9 gのNaClを溶かしてあります．

100 mL……0.9 g

それでは　1 Lに換算すると

1 L（1000 mL）……9 gを溶かすことになります．

1モルのNaClの重さは58.5 gです．1 Lの水にNaClを58.5 g溶かすとモル濃度は1モル /Lとなります．

それでは

1 Lの水に9 gのNaClを溶かしたら，NaClを何モル溶かしたことになるのでしょうか．

モル濃度はどうなるでしょうか．

1モルのNaClの重さは．58.5 gですから，

9/58.5=0.15　　0.15モルのNaClを溶かした．モル濃度は　0.15モル /Lです．

そう，生理食塩水は，1 Lに0.15モルのNaClを溶かして作っていることになります．

それでは KCl，グルコースの場合はどうでしょうか．1 モルの KCl の重さは，74.5 g，1 モルのグルコースの重さは，180 g です．

0.9% KCl，0.9%グルコースは，同様な計算で 1 L の水にそれぞれを 9 g 溶かしてつくります．それをモルになおすとそれぞれ，1 L の水に 0.12 モルの KCl，0.05 モルのグルコースを溶かしてつくったことになります．

0.9% NaCl と 0.9% KCl，0.9%グルコースの溶液は，溶けている溶質の重さは同じですが，溶けている分子（つぶ）の数は違うんですね．精子はそれを感じ取っています．

0.9% NaCl と 0.9% KCl，0.9%グルコースを比べると，0.9% KCl，0.9%グルコースは溶けている分子（つぶ）の数が少なく，0.9% NaCl より低張ということになります．だから精子は泳いだのか，という結論が出そうです．ただし話はここでは終わりません．まだ先があります．

次に学生に以下の 3 種類の溶液をつくってもらいます．
0.15 モル / L の NaCl，KCl，グルコースの 3 種類です．
これらを 1 滴キンギョの精液にかけます．
ここまでの予想では，どれも精子は泳がないはずです．
1L の水にそれぞれ同じモル数の分子（同じ数の粒）を入れました．だから同じ浸透圧になると考えました．

結果は，0.15 モル / L の NaCl，KCl では精子は泳がないのですが，0.15 モル / L のグルコースでは精子は元気に泳ぎます???　どういうことでしょうか???（図 8-3）．

ここで NaCl，KCl とグルコースの性質の違いについて考えてみましょう．NaCl，KCl は電解質で水に溶けると，Na^+ と Cl^-，K^+ と Cl^-，といった具合に電離して，イオンになります．
試薬で粉の時は NaCl がひとつの粒でしたが，水に入れると，Na^+ と Cl^- の 2

つの粒に別れます．ですから，0.15 モルの NaCl は粒の数が倍になり，足し合わせると 1 L に 0.30 モルの粒が溶けていることになります．そうすると浸透圧は倍になります（図 8-4）．

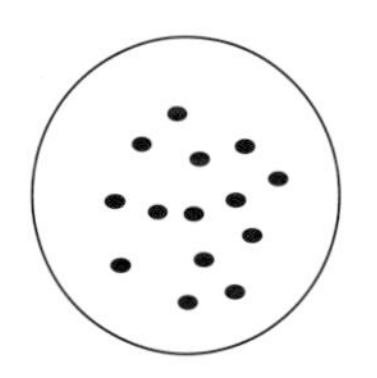

0.15モル/L NaClを加える
精子は泳いでいない

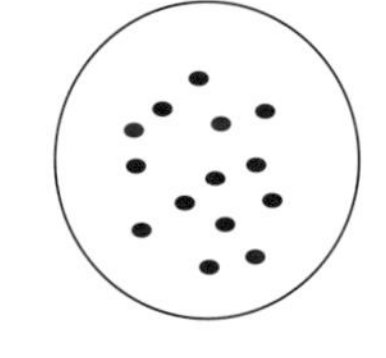

0.15モル/L KClを加える
精子は泳いでいない

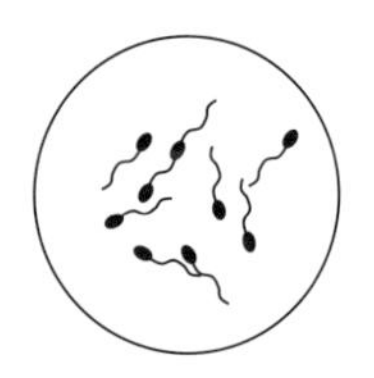

0.15モル/Lグルコースを加える
精子は泳ぎだす

図8-3　モル濃度と精子の運動開始の関係.
今度はすべて0.15モル/Lの溶液を加えた. 0.15モル/LのNaCl, KCl溶液を加えたものでは精子は動かないが, 0.15モル/Lのグルコース溶液をくわえたものでは精子は泳ぎだした. なぜだろうか?

電解質は溶かすと浸透圧は2倍になる.
なぜなら溶けている粒の数が2倍になるから.

1モル/LのNaClは, Na^+とCl^-になるので, 2.0 Osm/L
生理食塩水は0.9%NaCl.

0.9g/100 mLは0.15モル/Lで0.3 Osm/L
これはヒトの体液の浸透圧と同じ.

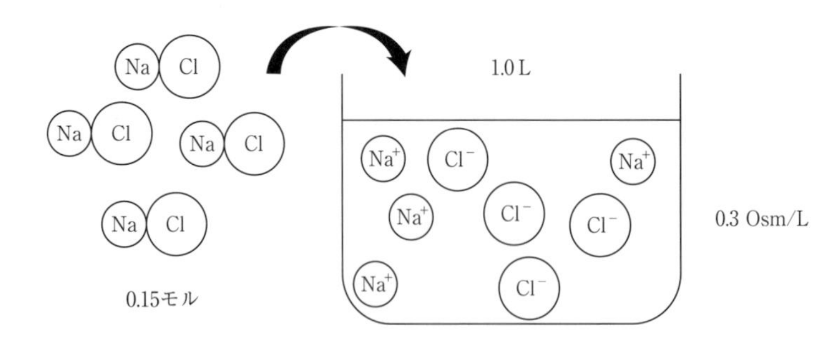

図8-4　電解質の溶液と浸透圧の関係.
0.15モルのNaClを1.0 Lの水に溶かすと, NaClは電離して, Na^+とCl^-に分かれる. すなわちつぶの数は倍になる. したがって浸透圧は0.3 Osm/Lとなる.

浸透圧の単位は，1 L の溶媒に 1 モルの溶質（つぶ）が溶けているとき，1 Osm / L（オスモル・パー・リットルと読む）と定義します（1 kg の溶媒に溶かした時は Osm / kg という単位になります）．このとき溶質の分子量（大きさ），種類は問いません，溶けている粒の数で浸透圧が決まります．0.15 モル / L の NaCl の浸透圧は，0.30 Osm / L です．0.15 モル / L の KCl の浸透圧も，0.30 Osm / L です．それでは 1 L の水に 0.15 モルのグルコースを溶かした時の浸透圧はどうなるでしょうか．グルコースは電離しないので，そのままで浸透圧は 0.15 Osm / L となります．多くの脊椎動物の体液の浸透圧は，0.30 Osm / L です．生理食塩水は，1 L に 0.15 モルの NaCl しか入れませんが，これは電離をすることを前提としてつくっているわけです．

0.15 モル / L の NaCl，KCl の浸透圧は 0.30 Osm / L なのでキンギョの精子は泳ぎません．しかし，0.15 モル / L のグルコースの浸透圧は 0.15 Osm / L です．ですから，精子は低張と感じて泳ぎ始めるわけです．0.30 モル / L のグルコースを作って精液にかけると，浸透圧は 0.30 Osm / L なので，泳がなくなります．

ついでながら，0.075 モルの NaCl と 0.075 モルの KCl を 1L の水に入れると浸透圧はどうなるでしょうか．0.30 Osm / L になります．0.075 モルの NaCl と 0.15 モルのグルコースを 1L の水に入れると浸透圧は 0.30 Osm / L になります．わかりますか？

ここでもう 1 度浸透圧の説明を繰り返しますね．浸透圧とは，液体にどれだけの数の粒（つぶ）が溶けているかという，溶液の濃さを表すものです．そしてその粒については，粒の大きさ（重さ）や種類には関係なく，粒の数が溶液の濃さを決めています（図 8-5）．生物の細胞は，細胞のまわりの液体の濃さが適切な濃さでないとうまく生きていけません．またこの濃さは，重量パーセントの濃度ではなく，モル濃度を溶液の濃さとして感じています．重量パーセントの濃度は，液体に溶けている溶質の重さで，溶けている溶質の分子（つぶ）の数は示していません．モル濃度は溶質の分子（つぶ）の数を表しているんです．浸透圧，わかってもらえましたか？

浸透圧とは何かということは，半透膜と連通管，ファントホッフの化学式よりも，精子の運動で実感ができます．ついでの話になりますが，赤血球を淡水

浸透圧　単位　Osm/L　Osm/kg

1L中に1モルの分子が溶けていると，1 Osm/L.

溶けているものの大きさ（分子量），種類に関係なく，溶けている粒子（つぶ）の数できまる.

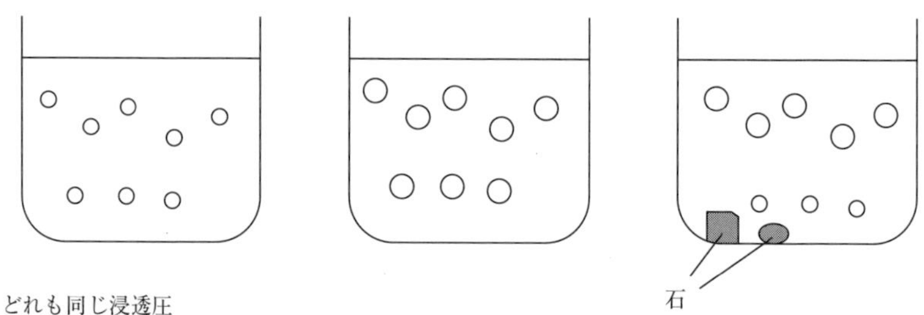

どれも同じ浸透圧
＊細胞は液体に溶けている粒の数を感じている.
＊懸濁物，沈殿物は浸透圧に影響を与えない.

図8-5　浸透圧は溶けている粒の数できまる.

に入れると破裂してしまうように，精子も淡水で泳ぎ出しますが，しばらくすると破裂して死んでしまいます．破裂する前に卵と受精しなければなりません．また海水魚の精子は，環境の浸透圧が上がることによって精子が運動を開始します．うまくできていますね．それでは汽水域（川の淡水と海の海水が混ざるところ）にいる魚の精子の運動開始の引き金はなんでしょうか．興味のある人は調べてみて下さい．もうひとつ補足すると，淡水，海水の中でも破裂，収縮せずに死なない脊椎動物の細胞があります．それは魚類，両生類の卵細胞です，未受精卵も受精卵も淡水魚の卵細胞は淡水中で破裂しません．海水魚の卵細胞は，海水中でも収縮しません．不思議ですね．

ヒトの血液の浸透圧は，脳の視床下部の浸透圧センサーで感じています．そして自律神経系によって，血液の浸透圧は一定になるように調節されています．このことについては，次の排出のところで話しますね．

コラム20 キンギョの赤血球と淡水

大学の学生実習では，キンギョの精子とは別の浸透圧の実験を行っています．キンギョから採血をして，血液と血液凝固阻止剤をまぜて遠心分離します．血液中に懸濁している血球は重たく，遠心後，試験管の下にたまります（図8-6）．上清は血漿です．透き通った淡黄色です．学生に「血液の色が赤いのは赤血球の色が赤いので赤く見えるけれど，血液の液体部分は赤くないよ」ということを実際に見みせると，学生たちはちょっと驚きます．

遠心分離後，下層の赤血球をピペットでとり，淡水，生理食塩水（0.9% NaCl）と海水の入った試験管にそれぞれ加えます．軽く試験管を振ってから，これらの試験管を遠心します．そうすると淡水の試験管では赤血球が溶血し，上清が赤くなります．生理食塩水と海水の試験管では，上清は透明で，下に赤血球の沈殿ができます．教科書に書いてあることを自分の目で確認してもらいます．学生は「本当だ！　淡水では赤血球は破裂（溶血）して，中のヘモグロビンが出てきて上清が赤くなるんですね．」と実感します．

からだに傷をして出血した際，傷口を水道水で洗ったり，シャワーで血を流したりすると，出血がより赤く見えることがあります．それは赤血球が淡水で溶血したせいではないかと思っています．

私の学生実習のテーマは，ここでは終わりません．次のような話をしてレポートを書いてもらいます．「キンギョの細胞である赤血球は淡水では浸透圧が低くて生きていけないよね．これはキンギョの細胞は淡水では生きていけないということを示しているよね．」というと学生は皆納得します．「それでは，キンギョの細胞が淡水で生きて生けないということはキンギョは淡水では生きていけないということになるよね？」と聞きます．そうすると学生は「いや，そんなことはないです．キンギョは淡水で生きてます．」と答えます．私は「キンギョの細胞は淡水では生けていけないのになぜキンギョは淡水で生きていけるの？　このことについて調べてレポートを書いて下さい．」と課題を出します．皆さんも考えてみてください．私の大学の同級生，金子豊二氏が書いた本「キンギョはなぜ海水がきらいなのか？」（恒星社厚生各閣）が参考になるかと思います．ちなみにキンギョは淡水，生理食塩水の中では生きていけます．しかし海水中では数時間で死んでしまいます．これはナメクジに塩をかけるとからだの水分が奪われて死ぬのと同じ原理と考えられています．

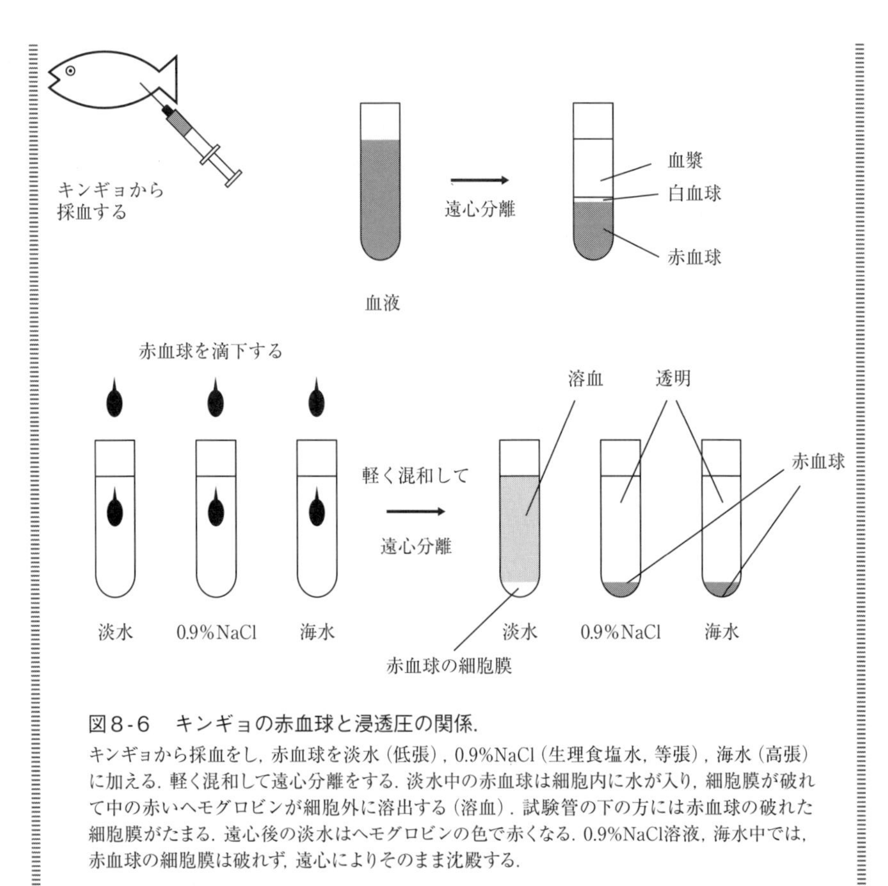

図8-6 キンギョの赤血球と浸透圧の関係.

キンギョから採血をし，赤血球を淡水（低張），0.9%NaCl（生理食塩水，等張），海水（高張）に加える．軽く混和して遠心分離をする．淡水中の赤血球は細胞内に水が入り，細胞膜が破れて中の赤いヘモグロビンが細胞外に溶出する（溶血）．試験管の下の方には赤血球の破れた細胞膜がたまる．遠心後の淡水はヘモグロビンの色で赤くなる．0.9%NaCl溶液，海水中では，赤血球の細胞膜は破れず，遠心によりそのまま沈殿する．

第9章　排　出　系

9-1　ヒトの腎臓の構造と不要なもののより分け

排出とは体内の不要なものを体外に放出することです．不要なものとは，体内の化学反応でできた窒素廃棄物，過剰に摂取した塩類および水，毒物などです．これらの物質は尿とともに体外に放出されます．この他に不要なものとして二酸化炭素がありますが，これは肺から放出されます．一方，消化管から放出される便，糞は，消化できない食べ物，死んだ消化管の細胞，死んだ腸内細菌などの混合物で，排出（excretion）ではなく，排泄（elimination）といって区別しています．

脊椎動物の排出器官は腎臓ですが，排出系の役割は不要なものを捨てるだけではなく，塩類と水のバランスをとることにより，血液の浸透圧，血圧および血液量の調節の役割も果たしています．ここでは哺乳類の腎臓が，どのように必要なものと不要なものをより分けているのか，塩類と水のバランスをどのようにとっているのか説明します．

哺乳類の腎臓はソラマメのような形をした器官で左右に一対あります．腎臓に入る動脈（腎動脈）と腎臓から出る静脈（腎静脈）があり，さらに腎臓でつくられた尿を腎臓の外に出す**輸尿管**（医学系では，尿管）があります．輸尿管は膀胱へとつながり，膀胱にたまった尿は尿道を経て体外に出ます（図9-1）．腎臓の内部の構造は複雑で，学生のころの私は，血液の流れと尿のできる過程を理解するのにかなり時間がかかりました．というよりまじめに理解しようとしなかった，というほうが正しいかもしれません．腎臓の図を見ただけでもうこれはパス，といった感じでした．

腎臓に入った動脈（腎動脈）は弓状動脈，小葉間動脈を経て輸入細動脈となり，その先はボーマン嚢の中で糸球体と呼ばれる毛細血管となります（図9-2）．そして糸球体からでる血管は輸出細動脈と呼ばれます．輸出細動脈は

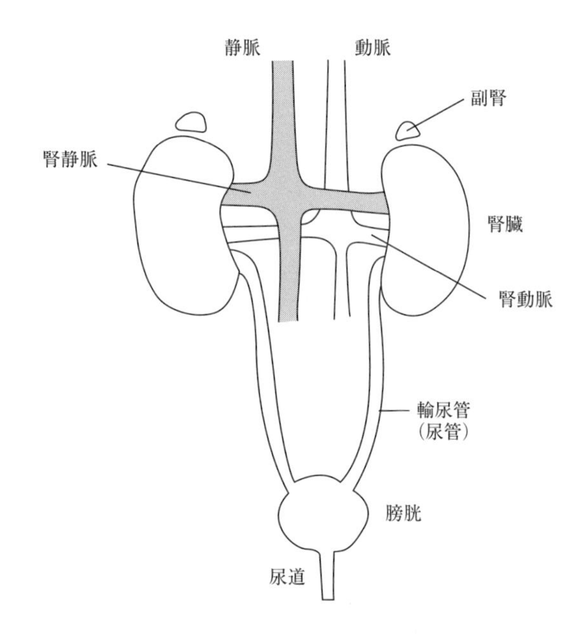

図9-1　ヒトの腎臓の図.
動脈が腎臓の中に入り，腎臓の中で濾過，再吸収が行われる．血液は静脈を通って腎臓の外に出てくる．腎臓の中で作られた尿は，輸尿管（尿管）から腎臓の外に出されて膀胱にためられる．膀胱が尿でいっぱいになると，尿は尿道から排出される．

再び枝分かれして毛細血管になります．この毛細血管は細尿管の周りを取り囲む周管毛細血管（医学系では，尿細管周囲毛細血管）と呼ばれ，その先は合流して小葉間静脈，弓状静脈となり，さらに合一して腎静脈となり血液は腎臓から出ていきます．最初の腎臓に入る動脈（腎動脈）から，腎臓から出てくる静脈（腎静脈）まで途中，2回毛細血管を形成します．多くの場合，血液の流れは動脈—毛細血管—静脈となりますが，腎臓の場合は，糸球体と周管毛細血管の2つの毛細血管があります．この構造をみただけで，嫌になってしまいそうですが，この2つの毛細血管のそれぞれのはたらきをみていきますね．

糸球体とボーマン嚢をあわせて腎小体といいますが，ここで最初のもののより分けが行われます．糸球体（最初の毛細血管）のボーマン嚢に接する部分は濾過のはたらきをします（**図9-3**）．毛細血管の中の血液に圧がかかり，分子

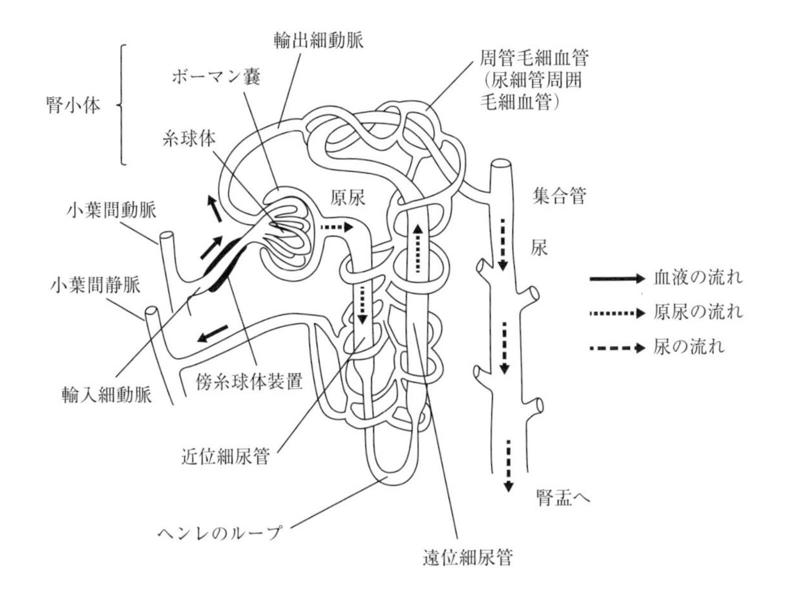

図9-2　腎臓の内部の構造.
輸入細動脈は糸球体で細い血管となる. 糸球体で血液の濾過が起こり, 濾液はボーマン嚢に入る. 濾過されなかったもの（分子量の大きなもの）は輸出細動脈を経て, 周管毛細血管（尿細管周囲毛細血管）へと運ばれる. 濾過された濾液（原尿, 分子量の小さいものが含まれる）は細尿管へと流れ, その中の必要な物質は, 周管毛細血管で再吸収される. 最終的に不要なもの尿に含まれて集合管, 腎盂へと流れていく. 傍糸球体装置はレニンという酵素をつくり, 血管内に放出する. 血液の流れは, 弓状動脈（図中には示していない）→小葉間動脈→輸入細動脈→糸球体→輸出細動脈→周管毛細血管→小葉間静脈→弓状静脈（図中には示していない）となる.

量約68000を境に, それより小さなものは血管壁を通り抜けてボーマン嚢の中に入り, 大きなもの血管内に残ります. 血管壁を通り抜けない大きなものは, 血球, 分子量の大きなタンパク質です. 血管を通り抜ける小さなものとしては, 水, グルコース, 尿素, 尿酸, クレアチニン, アンモニア, Na^{+}, K^{+}, Cl^{-}, 分子量の小さなタンパク質, 糖などです. 濾過されてできたボーマン嚢の中の液体は原尿と呼ばれます. 原尿は近位細尿管, ヘンレのループ, 遠位細尿管, 集合管を経て尿となります（細尿管. 医学系では, 尿細管）. 集合管は腎盂（じんう）に開口し, ここに集まった尿は輸尿管へと入り, 腎臓の外に出ます.

近位細尿管および遠位細尿管にからみついた周管毛細血管は, 2回目のもの

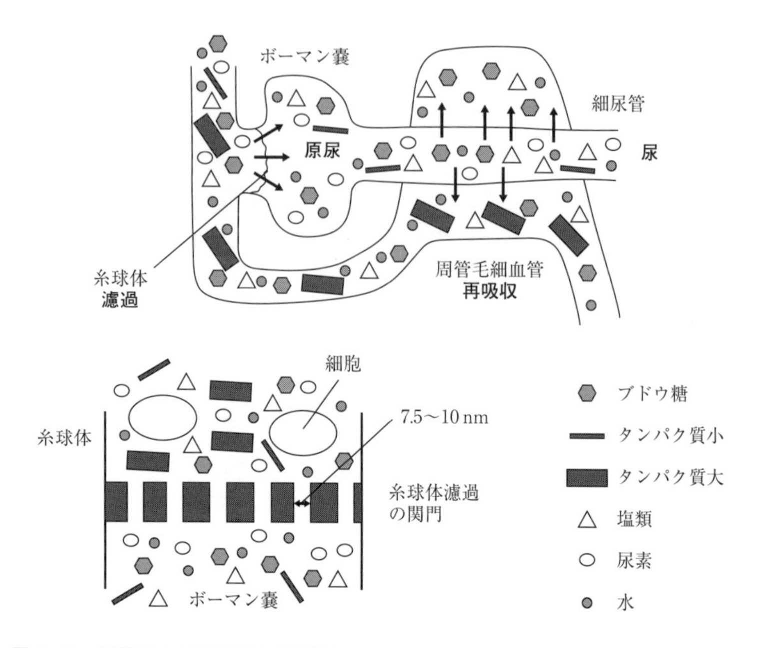

図9-3 腎臓における濾過と再吸収.

上：糸球体で濾過が行われ，分子量の小さいものが通り抜ける．周管毛細血管でグルコースおよび必要に応じて塩類，水が再吸収される．尿素は再吸収されない．

下：糸球体，ボーマン嚢での濾過．糸球体の濾過の関門では，分子量約68000以下の大きさのものが関門を通り抜ける．細胞，大きなタンパク質は通り抜けない．

のより分けを行います．1回目のボーマン嚢のより分けは大きなものと小さなもののより分けでしたが，濾過で通り抜けた小さな物は不要なものと必要なものが混ざっています．そこで周管毛細血管が，必要な物の再吸収（回収）を行います．私はこの「再吸収」の意味が長い間よくわかりませんでした．なぜ回収，吸収ではなく，「再」吸収なんだろうかと考えました．後でわかったのですが，グルコースの小腸での吸収が1回目の吸収で，その後ボーマン嚢で捨てられるもののグループに分けられます．しかしグルコースはからだにとって必要なものなので，回収する必要があります．そう，毛細血管による2回目の吸収なんですね．それで「再」吸収なんですね．近位細尿管および遠位細尿管に巻きついた周管毛細血管は，原尿の中の必要なものを取り込みます．ここではまず回収すべきものはグルコースです．からだの水分，塩類が少ないときには，水，塩類を回収します．水，塩類が過剰にあるときは回収せずに排出します．からだにとって有害な，尿素，尿酸，アンモニアは排出されます．筋肉の成分が分解してできるクレアチニンは有害ではありませんが，排出されます．

糖尿病の症状として尿に糖が出るというのがあります．これは腎臓の病気ではなく，血液中の糖の濃度が上がりすぎて，周管毛細血管での糖の再吸収が追いつかなくなった状態です．糖尿病についてはあとで説明しますね（**第10章**）．

細尿管のまわりの周管毛細血管は，必要なものを取り込ますが，そのしくみは拡散，チャネル（受動輸送），能動輸送などにより再吸収を行います．細尿管，集合管における水の吸収はホルモンにより調節されていて，尿の水分がアクアポリンというチャネルをとおして組織液，血液へと移動します．尿の浸透圧は，排出する塩類，水の量によって変動しますが，ヒトでは最大で 1.2 Osm/L まで濃縮して不要な塩類を排出することができます．

ここから先は，排出系における浸透圧，血圧および血液量の調節について説明します．ちょっと複雑ですがゆっくり考えていきましょう．

9-2 浸透圧調節

脊椎動物の細胞は，細胞のまわりの組織液，血液が適切な浸透圧（溶液の濃さ，つぶの数）でないとうまくはたらきません．それでは血液の浸透圧が上がってしまったとき，また下がったとき，からだはどのようなしくみで浸透圧を適切なレベルに戻すのでしょうか．血液の浸透圧は，血圧，血液の量と関連しています．どれかひとつが変化すると他の 2 つにも影響が出ます．生物学の教科書をみると，何々は浸透圧の調節をしている，何々は血圧の調節をしているといった説明はあるかと思いますが，それらの現象は実際，どういうときに起きるのか，という説明がないように思います．いつそういうことが起こるかわからないから，すなわちストーリーになっていないから，自分の身におきかえて実感することができないのではないかと思います．結果的に何々は血圧を上げるホルモンとして試験対策などのために我慢して暗記をすることになるのではないでしょうか．ここではできるだけどういうときにそういうことが起こるのか，身近な例をあげて考えていきたいと思います．

まず浸透圧が上がるとき，ひとつの例として塩辛い食べ物をたくさん食べたときのことを考えてみましょう．塩類を含む食べ物をたくさん食べれば，それらの塩類が吸収され，血液の浸透圧は上がります．そうすると脳の視床下部にある浸透圧受容器が感知します．そして脳は2つの指令を出して対策をとります（**図9-4**）．まず脳の中ではたらき，唾液の分泌を抑え，脳に口渇感（のどの渇き）を感じさせます．そうするとヒトは水を飲みたくなります．うまくできていますね．水を飲んで血液の水分を増やせば，血液はうすまり，浸透圧は下がります．ただしこの場合，血液の量が増えてしまいます．その結果，血圧も上がります．そこで余分な塩類と水をおしっことともに捨てれば，もとの血液量，血圧に戻ります．

もうひとつの浸透圧を下げる対策は，脳が下垂体に指令を出して，下垂体からアルギニン・バソプレシン（抗利尿ホルモン antidiuretic hormone, ADH）と

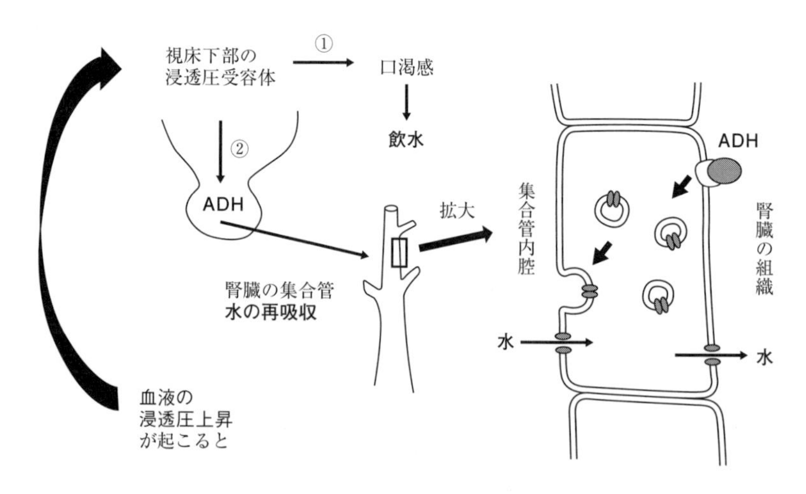

図9-4　血液の浸透圧が上がった時の対応．
①のどの渇きを感じて水を飲み，血液をうすめる．②下垂体からアルギニン・バソプレシン（抗利尿ホルモンADH）が分泌され，集合管の細胞に作用し，細胞内のアクアポリンを細胞膜に移動させる．その結果，集合管の水の透過性が増し，水が腎臓の組織，血液へと移動し血液をうすめる．

いうホルモンが血液中に放出されます．抗利尿ホルモン（ADH）とはおしっこの量を減らすホルモンです．このADHは腎臓の遠位細尿管と集合管に作用します．このホルモンがはたらくと，遠位細尿管と集合管の管壁の細胞内にあったアクアポリンという水を通すチャネルタンパク質が細胞膜へと移動します．その結果，管の中の尿の水が細胞膜のチャネルを通り抜けて組織液，血管へと移動します．これは遠位細尿管と集合管の細胞膜の水の透過性を高め，水の再吸収を促進しているということです．遠位細尿管と集合管の中の尿は，特別なことがない場合は，尿管を通って膀胱にたまり，排出されます．しかし浸透圧が上がった場合は，膀胱へ行く水を減らして，その水を血液に回します．すなわち，抗利尿とは，おしっこの量を減らすことです．そうするとその分だけ血液は水でうすまり，高かった浸透圧は下がります．

塩辛い食べ物を食べ続けると血圧が上がると言われています．これは高塩分により浸透圧が上がり，それを防ぐために水分も多く取り，血液量が増え，結果的に血圧が上がります．また血液量が多くなるとからだにむくみが生じることもあります．指が少し太くなることもあります．

他に血液の浸透圧が上がる場合として，激しい運動をして大量の汗をかいたときが上がります．からだの水分が減少し，血液の浸透圧は上がります．ただしこの場合，水だけでなく，汗とともに塩類も多少体外に放出されます．汗の味は少ししょっぱいですよね．したがって運動をしたあとに塩分の入っていない水を飲むと，血液はうすまりすぎて浸透圧は通常より低下してしまいます．そこで水に塩類を加えたスポーツドリンクなどを飲むことが推奨されています．最近では塩類を添加した麦茶も市販されています．

それでは浸透圧が下がるときはどういうときでしょうか．運動後，塩類を含まない水を大量に飲んだとき，宴会でビールをたくさん飲んだときなどです．この場合，余分な水分は腎臓をとおって膀胱へいき，尿として体外に出され，浸透圧はもとに戻ります．この場合，水だけを捨てて塩類は捨てません．水を飲みすぎた時のおしっこの色が薄いことからも自分のからだで何が起こっているのか，わかりますよね．

9-3 血圧，血液量の調節

次に血液量の減少，血圧が低下したときの調節について説明しますね．大量に出血したときには血液の量が減少します．また下痢が長く続くと，からだの水分が失われ，血液量が減ります．血液の量が減ると血管を流れる血液の量が減るため，血圧は低下します．血圧が低下すると血液の流れは遅くなり，酸素などのものの運搬の効率が低下します．血圧が低下するとからだの中の血圧を上げる3つのしくみがはたらきます．

腎臓の輸入細動脈にある傍糸球体装置が血圧の低下を感知し，レニンという酵素を血液中に分泌します（**図9-5**）．レニンは，肝臓でつくられたアンジン

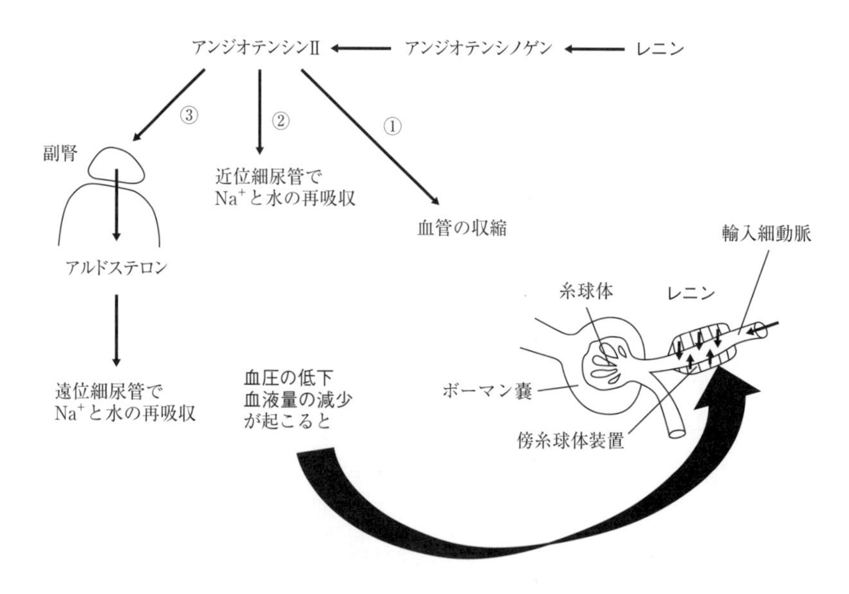

図9-5 血圧が低下，血液量が減少した時の対応.
輸入細動脈の傍糸球体装置が血圧の低下，血液量の減少を感じ，レニン（酵素）を血液中に分泌する．レニン，変換酵素により，アンジオテンシノゲンがアンジオテンシンIIとなり，アンジオテンシンIIは3つのはたらきをする．①血管を収縮させて血管が細くなり血圧が上がる．②腎臓の近位細尿管に作用し，Na^+と水の再吸収を促進し，血液量が増えて血圧が上がる．③副腎に作用してアルドステロンを分泌させる．アルドステロンは遠位細尿管に作用し，Na^+と水の再吸収を促進し，血液量が増えて血圧が上がる．

テンシノゲンというペプチドの一部を切断し，アンジオテンシンⅠに変化させます．さらにこのアンジオテンシンⅠは血管内皮細胞でできる変換酵素により一部が切断され，9つのアミノ酸からなるアンジオテンシンⅡになります．このアンジオテンシンⅡが活性型ペプチドで，血圧を上げる3つの対策をとります．第一に血管に作用し，血管を収縮させることにより血管を細くし，血圧を上げます．第二に，腎臓の近位細尿管に作用し，Na^+と水の再吸収を促進します．これによって膀胱に行く水の量は減り，血液の量が増えて血圧が上がります．このアンジオテンシンⅡのはたらきは前出のADHと同様，抗利尿作用です．第三に副腎皮質に作用し，アルドステロンというホルモンの産生を促進します．このアルドステロンは腎臓の遠位細尿管にはたらき，Na^+と水の再吸収を促進します．これによって膀胱に行く水の量は減り，血液の量が増えて血圧が上がります．これも抗利尿作用です．すごいですね．よくできていますね．それにしてもなぜ3つの対策があるのでしょうか．私の推測では，3つの対策のはたらく時間差と持続性の違いが重要なのではないかと思います．これらの3つの対策は，説明した順にすばやくはたらくものから，ゆっくりと持続的にはたらくものへと変化していくのではないかと思われます．このレニンからアンジオテンシンⅡまでの流れで血圧を上げるしくみをレニン・アンジオテンシン系と呼びます．

それでは次に血圧が上がったときのからだの調節のしくみを説明しましょう．まず血圧はどういうときに上がるのでしょうか．塩辛い食べ物を食べ続けていると血液の浸透圧が上がります．そうすると浸透圧を下げるように血液中の水分を増やし，結果的に血液量が増え，血圧が上がります．また肥満によっても血圧が上がります．肥満による血圧上昇にはいろいろな要因がありますが，脂肪の蓄積による毛細血管の増加に加えて，酸素消費量の増加があります．体が大きくなった分，より多くの酸素が必要となり，心臓の1回の拍出量（1回に心臓が押し出す血液の量）の増加，循環血液量の増加が起こり，結果的に血圧が上昇します．またストレスが続くと交感神経からノルアドレナリン，副腎髄質からアドレナリンが分泌され，心拍数が上がり血圧が上がります．さらに喫煙は煙草に含まれるニコチンが，交感神経，副腎髄質を刺激して血圧を上げます．飲酒は，アルコールの血管拡張作用により一時的に血圧が下がりますが，長期間にわたる飲酒は血管を収縮させ，血圧が上がることが知られています．

血液量が増えて血圧が上がりすぎたら血圧を下げる必要があります．血液量の増加は心臓の心房が感知します．そして心房は心房性ナトリウム利尿ペプチド（atrial natriuretic peptide, ANP）というホルモンを産生し血液中に分泌します．このANPは血圧を下げるために3つのはたらきをします（**図9-6**）．第一に血管に作用し，血管を拡張させて血圧を下げます．第二に腎臓に作用しレニンの分泌を抑制します．第三に副腎に作用し，アルドステロンの分泌を抑制します．

前述したようにレニン・アンジオテンシン系，アルドステロンは抗利尿作用で尿を出さないようにしていました．ANPはレニン・アンジオテンシン系，アルドステロンの抗利尿作用を抑制し，利尿作用を示します．尿中に塩類と水を移行させ血液量を減らして血圧を下げます．うまくできていますね．

血圧が低下すると循環系におけるものの運搬の効率が落ちますが，血圧が高くなるとどのような困ったことが起こるのでしょうか．高血圧が続くと動脈の内壁に損傷が生じます．動脈内壁の損傷は炎症を引き起こし，白血球を誘引します．白血球は低密度リポタンパク質（LDL）蓄積し，動脈硬化性プラーク（血管の内側にできるかたまり）を形成します（**図9-7**）．プラークはコレス

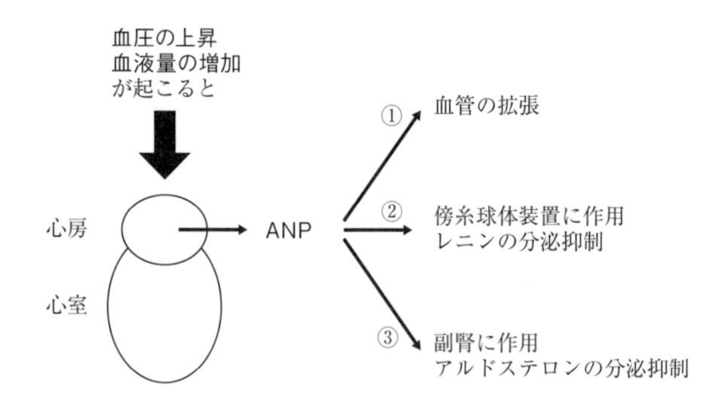

図9-6　血圧が上昇，血液量が増加した時の対応．

心房が血圧の上昇，血液量の増加を感じ，ANP（心房性ナトリウム利尿ペプチド）を血液中に分泌する．ANPは3つのはたらきをする．①血管を拡張させて太くし，血圧を下げる．②レニンの分泌を抑制する．③アルドステロンの分泌を抑制する．

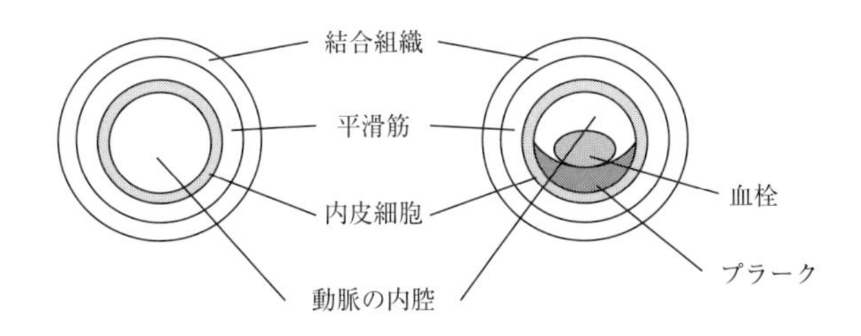

図9-7　動脈壁の内側のプラーク，血栓の形成．

左：正常な血管の断面図．右：プラークのできた血管の断面図．動脈の内壁にプラークができると血管の内腔はせまくなり，その結果として血圧が上がる．プラークが大きくなって破裂すると血栓ができる．血栓が血管をつまらせると血液が流れず，細胞に酸素が届かなくなり，その血管の周囲の細胞が死ぬ．なお，管の内側の部分の「内腔」は生物学では「ないこう」と読み，医学では「ないくう」と読む．

テロールと繊維性結合組織を取り込みながら徐々に大きくなります．これをアテローム性動脈硬化症と言います．その結果，動脈壁は厚く硬くなり，血液の通路は狭くなり，血管が圧力により破れて出血することがあります．脳内の動脈が破れると脳出血となります．またプラークが大きくなって破裂すると，血栓（血液が固まったもの）となり血流を流れます．血栓が大きいと脳の動脈，心臓の冠動脈を閉塞してしまう（詰まる）ことがあります．そうするとそこから先に血液が流れず，周囲の組織は酸素，栄養が得られず梗塞（死滅）します．このことが脳で起こるのが脳梗塞，心臓の冠動脈で起こるのが心筋梗塞です．このように長期間にわたる高血圧は重症なあるいは致命的な症状を引き起こすことになります．リポタンパク質には過剰なコレステロールを肝臓に戻す高密度リポタンパク質（HDL，いわゆる善玉コレステロール）と膜の生成のためにコレステロールを運ぶ前出のLDL（悪玉コレステロール）がありますが，LDLが多くなりすぎるとアテローム性動脈硬化症を引き起こすことになります．

コラム 21 血液中クレアチニン濃度と尿中ヒト絨毛膜性生殖腺刺激ホルモン

分子量の大きなタンパク質は糸球体の毛細血管を通り抜けませんが，健康診断で尿中にタンパク質が検出されたら，それは腎臓の濾過がうまくいかず，大きなものまで通り抜けていることを示します．腎臓の濾過がうまくいかずタンパク質も出てしまう原因はいくつかあり，治療法もそれによって異なります．興味深い症状としては，尿にタンパク質がまざると，おしっこをしたときに尿が泡立つということがあります．私は大学院生のときにあるタンパク質の精製を行っていましたが，たしかにタンパク質の溶けた溶液は泡立ちやすかったことを覚えています．

クレアチニンは筋肉内の成分であるクレアチンが変化してできる物質です．筋肉から血液中に分泌されます．クレアチニンは分子量が小さいので，健康なときは糸球体の毛細血管を通り抜けますが，腎臓での濾過がうまくいっていないと血液中にたまります（図 9-8）．そのためクレアチニンは腎臓の機能の指標とされています．血液中のクレアチニン濃度が高いということは，糸球体での濾過がうまくいかず，捨てられるべきものが捨てられていないということを示します．この場合，尿素，尿酸，アンモニアなどの有害物質がからだの中にたまっている可能性があります．その場合の治療としては，人工透析による有害物質の除去が必要となります．

女性が妊娠をすると胎盤でヒト絨毛膜性生殖腺刺激ホルモン（hCG．医学系では，ヒト絨毛性ゴナドトロピン）が産生され，妊娠の維持のはたらきをします．このホルモンは分子量約 38000 の糖タンパク質ホルモンで，糸球体からボーマン嚢を通り抜けて尿中に出てきます．市販の妊娠判定キットは，尿中にヒト絨毛膜性生殖腺刺激ホルモンがあるかないかを調べて，妊娠しているかどうかを検査するキットです．

コラム 22 食べ物の塩分と指輪

家族でハワイに行ったとき（私は学会参加，家族は観光），妻が指輪を買いたいと言って，旅行の記念に指輪を買うことになりました．お店に入って韓国人の店長さんが親切に日本語で対応してくれました．指輪のサイズを検討していると，店長さんが「ハワイに来て何日くらい経ちますか？」と聞いてきました．「5日くらいかな」と答えると，店長さんは「ハワイの料理は塩分が多いので，今，お客さんの指は少し太くなっていると思います．日本の料理は塩分が少ないので，今，少しきつめの指輪を買っても日本に帰るとちょうどよくなると思います．」とのことでした．指の太さの変化の要因は浸透圧だけではないと思いますが，生物学的にとてもおもしろい説明だと感心しました．

コラム23 ANP，アクアポリン，レプチン

ANPはカナダのド・ボールドらが1981年に心房細胞の顆粒に血管収縮作用とナトリウム利尿作用（尿中に塩類と水を移行させ尿量を増やす）があることを示しました．心房細胞の細胞内にある顆粒にはなんらかのホルモンが含まれているのではないかと言われていましたが，ド・ボールドらにより心臓がホルモンをつくることが示されました．その後ANPは28個のアミノ酸からなるペプチドであることが明らかとなりました．循環系の主役である心臓がホルモンをつくる内分泌器官としてのはたらきもするということは当時話題になりました．

アクアポリンは1992年，アメリカのピーター・アグレらによって水を選択的に通す分子量28万~30万のタンパク質として発見されました．それまで水は細胞膜を自由に通る（拡散する）と考えられていましたが，アクアポリンというチャネルを通って細胞間を移動することが明らかとなりました．これは多くの研究者が予想しないことでした．また今ではアクアポリンは細菌から哺乳類，植物などすべての生物に存在することが明らかとなっています．アクアポリンにはいくつかの分子種があり，分子種によっては水以外の物質も通過します．ピーター・アグレはこの発見により2003年にノーベル化学賞を受賞しています．

学部卒論生の頃からホルモンの研究を行ってきた私としては，心臓がホルモンをつくる，ということには大きな衝撃を受けました．またホルモンは教科書に出ているものがすべてで，あらたにホルモンが発見されるなんていうことは学部生の私には思いもつきませんでした．一方，生命にとって最も重要な物質と言われる水は，誰もが細胞膜のどこでも通ると考えていて，水の通り道ということは誰も考えなかったのでしょう．アクアポリンの発見は細胞間の水の移動を考えるうえでとても重要な発見です．

さらに1994年にレプチンというホルモンが発見されました．レプチンとは脂肪細胞で産生され，脳に作用して食欲を抑えるはたらきがあります．これは，からだには十分に脂肪が蓄えられたからもうたくさん食べなくてもいいよ，というからだから脳への信号になります．原始時代には冬を乗り越えるだけの皮下脂肪があれば十分だったのでしょう．うまくできていますね．しかし現代人の中で，レプチン抵抗性という病気の人がいます．レプチンが効きにくくなる病気で，食欲が抑えられなくなり，結果として肥満が起こります．現在，レプチン抵抗性のメカニズムが解明されつつあり，それに応じてレプチン抵抗性の治療薬も開発中のようです．

第10章 内 分 泌 系

10-1 ホルモンとは

内分泌とは，細胞で作られた物質が血管の中に入り，その物質が別のところでその物質の受容体をもつ細胞に何らかの生理作用を与えるという細胞間の化学情報伝達様式を言います（図10-1）．そしてこの生理作用を与える物質をホルモンと言います．ホルモンは血管をとおって全身にいきわたりますが，どの細胞に対しても効果を示すわけではなく，そのホルモンの受容体をもっている細胞だけに作用します．その作用は様々です．内分泌というしくみがあるのならば，外分泌というしくみがあるのか，という疑問が生じますが，外分泌というしくみもあります．外分泌とは，細胞が作った物質が導管を通ってからだの外に分泌されることを外分泌と言います．代表的なものは，汗，消化酵素などです．汗は皮膚からからだの外に出ます．消化酵素の分泌様式も外分泌です．

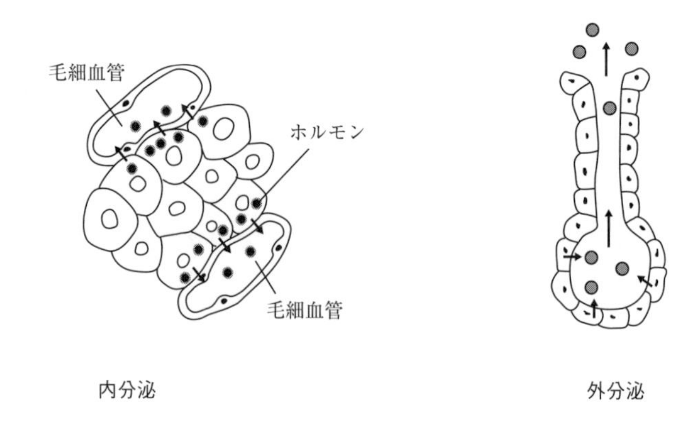

図10-1　内分泌と外分泌.
内分泌では細胞で産生された物質が血管に入る. 外分泌では細胞で産生された物質が導管を通って体外に放出される.

口から肛門までの消化管は，からだの内部かというと，実はからだの外部なんです．生物学では，物質が細胞の膜をとおりぬけて入ったところでからだの内部ということになります．またその細胞をとおりぬけて細胞間，血管にも入っていきます．ですから，胃の中の食べ物，腸の中の食べ物はまだ体外にあるということになります．消化酵素で分解されて，アミノ酸，グルコースになって細胞内に吸収されると，体内に入ったということになります．

話を内分泌に戻しますね．からだの中ではいろいろな場所でいろいろなホルモンができます．ホルモンの役割は，神経と同様，体内の情報伝達系です．今，からだの外であるいはからだの中でこういうことが起こっているよ，ということをからだの中のセンサーが受けとめると，それを効果器に伝えるのが，神経とホルモンの役割です．神経は感覚神経，内臓神経などがからだの内外の情報を神経細胞の軸索によって中枢神経に伝え，中枢神経からは，運動神経が筋肉を動かし，自律神経が内臓の調節をします．有線の電話のようなしくみです．ホルモンはホルモン産生器官がホルモンをつくり，ホルモンは血流をとおって全身にばらまかれます．全身の細胞の中でそのホルモンの受容体をもっている細胞がホルモンを受けとめ，ホルモンの効果が発揮されます．ホルモンは手紙のようなもので，ホルモンに宛名が書かれていて，受容体がその住所だとすると，ホルモンが正しい住所に届いたときに，ホルモンの効果が発揮されます．ただし手紙とホルモンの違いは，手紙は一通でも効果がありますが，ホルモンは大量にばらまかれます．ちょっと効率が悪いですね．

ホルモンによる調節の指令系統は大きく以下の4つの方式に分けられます(図 10-2)．

1）視床下部—下垂体—ホルモン産生器官—★最終的なホルモン
2）視床下部—下垂体—☆最終的なホルモン
3）視床下部でホルモン産生—下垂体でホルモン放出
4）ホルモン産生器官—ホルモン

1）のシステムでは，脳の視床下部でホルモンが作られ，そのホルモンが血管

1）の例として

視床下部 ここでつくられ 下垂体へいく		下垂体 ここでつくられて 全身へ放出される		精巣・卵巣 ここでつくられて 全身へ放出される 最終的なホルモン
生殖腺刺激ホルモン 放出ホルモン（GnRH）	→	濾胞刺激ホルモン（FSH） 黄体形成ホルモン（LH）	→	★男性ホルモン ★女性ホルモン ★黄体ホルモン

視床下部		下垂体		甲状腺
甲状腺刺激ホルモン 放出ホルモン（TRH）	→	甲状腺刺激ホルモン （TSH）	→	★甲状腺ホルモン

視床下部		下垂体		副腎皮質
副腎皮質刺激ホルモン 放出ホルモン（CRH）	→	副腎皮質刺激ホルモン （ACTH）	→	★副腎皮質ホルモン

2）の例として

視床下部 ここでつくられて 下垂体へ行く		下垂体 ここでつくられて 全身へ放出される 最終的なホルモン
プロラクチン放出ペプチド ドーパミン（プロラクチン放出抑制）	→	☆プロラクチン
成長ホルモン放出ホルモン ソマトスタチン（成長ホルモン放出抑制）	→	☆成長ホルモン

3）の例として

視床下部 ここでつくられて下垂体へ行く	下垂体 ここで全身へ放出される
アルギニン・バソプレシン（ADH） オキシトシン	

4）の例として

ここでつくられて 全身へ放出される	
膵臓	インスリン グルカゴン
松果体	メラトニン
胃	ガストリン
心臓	ANP
副甲状腺	パラトルモン
胎盤	絨毛膜性生殖腺刺激ホルモン 胎盤性ラクトゲン 黄体ホルモン リラキシン

図 10-2　ホルモンの産生と分泌様式.
生殖腺刺激ホルモン放出ホルモンは，医学系では、性腺刺激ホルモン放出ホルモン.
濾胞刺激ホルモンは，医学系では，卵胞刺激ホルモン.
絨毛膜性生殖腺刺激ホルモンは，医学系では，絨毛性ゴナドトロピン.

をとおって下位の下垂体に達します．そして下垂体の特定のホルモンの放出の促進あるいは抑制をします．下垂体の細胞が視床下部のホルモンから放出刺激をうけた場合は，下垂体はホルモンを放出し，ホルモンは血管をとおして全身をまわります．そしてさらに下位のホルモン産生器官（卵巣，精巣，甲状腺あるいは副腎皮質）に達し，そこで最終的なホルモン（女性ホルモン，男性ホルモン，黄体ホルモン，甲状腺ホルモンあるいは副腎皮質ホルモン）が作られ，血管をとおって全身をまわり，それぞれのホルモンの受容体をもつ細胞に作用し，さまざまなホルモンの効果が生じます．なんだかめんどうくさいですね．なぜこんなに多くのステップで調節をしているのでしょうか．試験勉強で覚えるのが大変になるような意地悪をしているのではないかという気分になります．この 1）のシステムについては，最終的なホルモンが視床下部，下垂体といった上位の器官にも作用して，もう十分に最終的なホルモンができたから，これ以上刺激しなくていいよ，ということを伝えるシステムがあります．このシステムをネガティブ・フィードバックシステムといいます．おそらく体内でのホルモンの過剰産生を抑制するシステムがあることが，1）のシステムのメリットではないでしょうか．それでも甲状腺ホルモン，副腎皮質ホルモンが過剰産生されると，それぞれバセドウ病，クッシング病になることが知られています．興味のある人は調べてみてください．

2）のシステムについては，視床下部のホルモンが，下垂体の特定の細胞を刺激し，ホルモン（プロラクチン，成長ホルモン）の放出を促進したり抑制したりします．下垂体から放出されたホルモンは血管をとおって全身をまわり，ホルモンとしての作用を発揮します．

3）のケースは，ホルモンが作られるのは視床下部ですが，ホルモンをつくる神経細胞の軸索が下垂体まで伸びていて，下垂体からホルモン（アルギニン・バソプレシン，オキシトシン）が全身に放出されます．

4）の場合は，基本的にホルモン産生器官自身が体外，体内の状態を感知し，それに応じてホルモンを血液中に放出します．

なぜこのようなホルモンの産生様式に違いがあり，それぞれどのようなメリット，デメリットがあるのか，1）のフィードバック以外は，私はよくわかりません．調節が複雑になればなるほど，ホルモン産生量の微調整というものが可能になりますが，逆に複雑なシステムのバランスが崩れると病気になる可能性も高くなります．進化の過程でなぜここまで多様な調節機構を持つようになったのでしょうか．必要以上の複雑さを感じます．もっとシンプルな制御の方がエラーが起こりにくりのでは，とも思ってしまいます．また勉強する側にとっても苦痛です．ホルモンについてはその種類の多さ，生理作用の多様さ，産生様式の多様さから，生物学の中でもホルモンについて勉強するのは本当に嫌になってしまいますね．私は講義で，細かいことはいちいち覚えなくてもよい，と言っています．全体像を理解し，必要な時に個々のホルモンの産生とはたらきについて調べて理解することができれば，それでよいと思っています．

10-2 インスリンのはたらき

この本は生物学の教科書ではないので，ここにあげたホルモンをひとつずつ説明をするつもりはありません．私がずっと気になっていたインスリンの説明だけしますね．多くの生物学の教科書をみると，インスリンは血糖値を下げるホルモンと書かれています．しかし，どのようなメカニズムで血糖値が下がるのか，なぜ血糖値を下げる必要があるのか，といった説明がありません．また血糖値が上がるとどんな困ったことが起こるのでしょうか．これらの説明がないと，「インスリン＝血糖値低下」ということを暗記するだけでまったく面白くありません．私が知りたかったのは，インスリンはどこの細胞に作用してどんなはたらきをするのか，ということです．いろいろ調べていくとインスリンは筋肉，肝臓および脂肪細胞に作用し，血液中のグルコースがそれらの細胞の細胞膜にあるグルコトランスポーターを通して，促進拡散により細胞内に取り込まれるとありました（図 10-3）．取り込まれたグルコースは細胞のエネルギーとして使われます．そのとき私は，その結果として血液中のグルコース濃度は低下するのでは？　と考えました．ある生理学の本を読むと「インスリンのはたらきは血糖値を下げることではない」と書かれていました．この本を読んだときは，私はもう，うれしくてうれしくてたまりませんでした．インスリンはエネルギーの素になるグルコースを細胞内に入れるのが主要な役割と書かれていました．多糖類を消化・吸収して血液中にグルコースが循環しても，細胞の中に入らなければグルコースから細胞内でＡＴＰはできません．そしてグルコースが細胞内に入った結果として，血中のグルコース濃度は低下します．そういうことだったんですね．

糖尿病になると血液中のグルコース濃度が上がりますが，糖尿病にはⅠ型とⅡ型の２種類の原因があります．Ⅰ型の糖尿病は膵臓でインスリンができなく

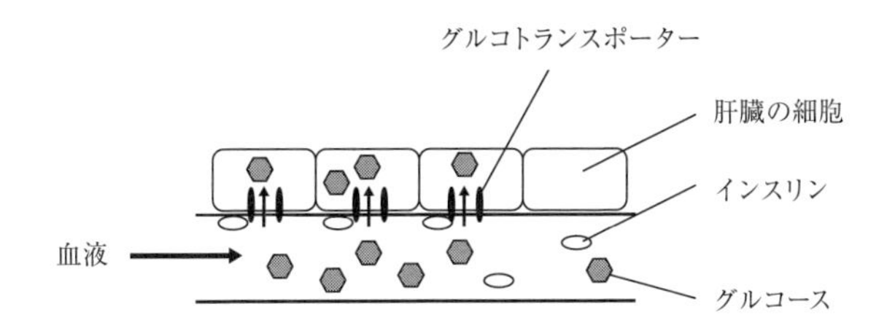

図 10-3　インスリンによるグルコースの細胞内への取り込み．
血液中のグルコースはインスリンのはたらきでグルコトランスポーターを通して肝臓，筋肉の細胞に取り込む．その結果として血液中のグルコース濃度は低下する．

なる病気です．この場合，インスリンを投与すれば治ります．II型糖尿病は，グルコトランスポーターがうまくはたらかず，細胞内にグルコースがうまく入らない病気（インスリン抵抗性）です．II型糖尿病の原因は，遺伝的要因によるインスリン分泌の低下，環境要因として生活習慣の悪化（肥満，過食，運動不足，ストレスなど）によるインスリンの分泌低下とインスリン抵抗性により，インスリンの作用が弱くなることです．治療としては，まず生活習慣の改善（食事，運動など）を行い，次に薬物投与を行います．

それでは私のもうひとつの疑問だった血糖値が上がるとどんな困ったことが起こるのか？　ということの説明をしますね．血糖値が上がりすぎると過剰の糖が血管にダメージを与えます．血管がつまったり，出血を起こします．眼の網膜の毛細血管がダメージを受けると糖尿病網膜症といって視力の低下が生じます．また毛細血管がダメージを受け，神経細胞に酸素，栄養がいかなくなると糖尿病性神経障害が起こり，手足に痛み，しびれが生じます．さらに病気が進行すると神経細胞が死に，痛みを感じなくなることがあります．そういう状態で足に小さなけがをすると，潰瘍，化膿，壊疽（えそ）が進行しても痛みを感じず，最終的には足の切断手術を受けることになります．これは大変なことですね．

生物学の教科書には，「インスリン−血糖値を下げる」ではなく，「インスリン－細胞内に糖を入れる．結果的に血糖値が下がる．」と書いてほしいものです．また血糖値が上がりすぎると血管，神経に障害がでる，とも加えてほしいと私は思います．

10-3 ホルモンの入手法

ホルモンを「仕事で使う」人はあまり多くないと思いますが，ホルモンがないと仕事ができない人々がいます．まずは患者さんの治療のためにホルモンを投与するお医者さん，動物にホルモンを投与する獣医さん，そしてホルモンの研究者たちです．私は魚のホルモンの研究者です．それではこれらの人々はホルモンをどのように入手するのでしょうか．入手方法はホルモンの化学的性質によって異なります．アミノ酸数の少ないペプチドホルモン，ステロイドホルモン，甲状腺ホルモンなどは化学合成ができ，人工的に合成されたものが市販されています（アミノ酸がたくさんつながってできたものをタンパク質あるいはペプチドと呼びます）．化学合成ができるということは，少しアミノ酸の種類を変えたり，構造を変化させることにより，天然にはない人工ホルモン（誘導体）をつくることができます．構造を変えることによってより効果の強いホルモンをつくったり，体内で分解されにくく効果が持続するホルモンをつくったりすることができます．一般にペプチドホルモンの誘導体をアナログと呼んでいます．またアナログでホルモンの効果のあるものをアゴニスト，逆に受容体には結合するがホルモンとして効果のないものをアンタゴニスト（拮抗剤）と呼びます．アンタゴニストを投与すると内因性のホルモンが受容体に結合できなくなり，そのホルモンの効果が一時的に抑制されます．またアナログは生体内でつくられるホルモンとは構造が多少異なりますが，分子量の小さなものであれば，体内に入っても免疫系は異物として認識せず，抗原にはなりません．ペプチドホルモンとしては，生殖腺刺激ホルモン放出ホルモン（GnRH．医学系では，性腺刺激ホルモン放出ホルモン）のアゴニストおよびアンタゴニストを組み合わせて投与し，ヒトの排卵誘発に活用されています．ステロイドホルモンの誘導体は合成エストロゲン剤，合成アンドロゲン剤，合成副腎皮質ホルモン剤などと呼ばれています．エチニルエストラジオールは合成エストロゲン剤で月経痛回避，避妊などに使われます．プレドニゾロンは合成副腎皮質ホルモン剤で軟膏として痒みどめなどに使われます．メチルテストステロンは合成アンドロゲン剤で，これはよいことではありませんが，スポーツ選手が筋肉を発達させるためのドーピングに使われることがあります．

一方，アミノ酸数の多い分子量の大きなタンパク質ホルモン，または生殖腺刺激ホルモンのように糖鎖の付加したホルモンは，人工的に化学合成するのは困難です．しかし近年のバイオテクノロジーの発展により，大腸菌，酵母，培養細胞，カイコなどの宿主にホルモンの遺伝子を導入して遺伝子組換えタンパク質ホルモンをつくることができるようになりました．以前は，ブタ，ウシ，ウマなどの臓器からホルモンを抽出，精製してヒトの治療に使っていました．しかし，ヒトのホルモンとこれらの動物のホルモンのアミノ酸配列は同じではありません．ですから免疫系はこれらのホルモンを異物として認識して抗体をつくるので，長期間にわたる複数回投与をすると抗体がホルモンと反応してホルモンが効かなくなることがあります．またアレルギーなどの症状がでることもあります．最近は大腸菌を宿主としてつくった遺伝子組み換えホルモンが治療に使われています．これならばヒトのホルモンの遺伝子を用いるので，ヒトのホルモンと同じアミノ酸配列のホルモンがつくれます．大腸菌でホルモンをつくった場合，ホルモンに大腸菌の成分が混ざっていると異物として問題になりますが，現在は大腸菌の成分を含まない高純度のホルモンが生産されています．現在，糖尿病の治療に使われているインスリンは大腸菌でつくられたものです．インスリンはアミノ酸が51個，分子量が約6000です．化学合成でアミノ酸をつなげていくには少しアミノ酸数が多すぎます．しかし，遺伝子組み換えの技術を使えば容易に大量につくることができます．さらに驚くべきことにインスリンのアミノ酸の一部を他のアミノ酸に置き換えたインスリンアナログが生産されています．アミノ酸配列を変えることのメリットは，より効果の高いホルモンができること，デメリットとしては免疫系に異物として認識されてしまうことです．しかし近年，インスリンの一部のアミノ酸を変えることにより，効きの早いインスリンアナログ，効果の持続するインスリンアナログが開発され，しかもこれらは異物として認識されないという安全性が確認されています．すばらしいですね．ヒトの成長ホルモンも以前は，ヒトの遺体の下垂体から抽出していましたが，現在は遺伝子組み換え技術でつくったものを治療に使用しています．

ところで大腸菌は原核生物でゴルジ装置をもちません．ゴルジ装置がないとタンパク質の翻訳後修飾（タンパク質独自の立体構造の形成，糖鎖の付加など）ができません．ですから生殖腺刺激ホルモン（GTH．医学系では，性腺刺激ホルモン）のような糖鎖の付加した糖タンパク質ホルモンはつくれません．そこで宿主を真核生物にする必要があります．真核生物の宿主としては，酵母，カイコ，昆虫培養細胞，哺乳類培養細胞などがあります．これらのことについては，コラムで述べますね．

ヒトのGTHのひとつである黄体形成ホルモン（LH）を投与するときは，LHのかわりにヒト絨毛膜性生殖腺刺激ホルモン（hCG．医学系では，ヒト絨毛性ゴナドトロピン）が使われます．hCGは胎盤で作られるGTHでLHの受容体に結合し，LHと同様な生理作用を示します．hCGは妊婦の尿に含まれますので，尿から hCG を得ることができます．お医者さん，獣医さんはヒトあるいは動物の性成熟，排卵誘発などにこのホルモンを使います．面白いことにこのホルモンはキンギョにも効きます．私はキンギョの排卵誘発，精子形成促進にこのホルモンを活用しています．

もうひとつの GTH の濾胞刺激ホルモン（FSH．医学系では，卵胞刺激ホルモン）はいくつかの製剤があります．ひとつはヒト閉経期生殖腺刺激ホルモン（hMG．医学系では，ヒト閉経期性腺刺激ホルモン）と呼ばれるものです．これは下垂体由来の FSH と LH の混合物ですが FSH 製剤として使われます．閉経後の女性の尿には下垂体由来の FSH と LH が高濃度に含まれることから，閉経後の女性の尿からホルモンを精製したホルモン剤です．この hMG をさらに精製して LH を除去した純度の高い FSH 製剤もつくられています．また最近では遺伝子組み換えヒト FSH がつくられるようになったようです．一方，家畜などの動物には妊馬血清性生殖腺刺激ホルモン（PMSG，ウマ絨毛膜性生殖腺刺激ホルモン，eCG とも言う）が FSH 製剤として使われています．PMSG はウマの胎盤で産生され，分子量が約 70000 で，尿中には出ないため，血清から精製されています．hCG とは異なり，FSH の作用をもちます．

10-4 ホルモンの投与法

ホルモンの投与法は，ホルモンの化学的性質によって異なってきます．ホルモンは水溶性ホルモンと脂溶性ホルモンに分けられます．水溶性のペプチドホルモンは，基本的に経口投与は効きません．なぜなら消化管でペプチドはアミノ酸に分解されてしまうからです．基本的な投与法は注射です．ヒトでは皮下，筋肉あるいは血管内に注射しますが，研究で動物にペプチドホルモンを注射する場合は腹腔内が多いです．また皮膚に塗っても皮膚から体内に浸透することはありません．ただし GnRH はアミノ酸が 10 個と分子量が小さいので，注射ではなく，鼻腔にスプレーをすることにより血管内に入り効果があるという報告もあります．インスリンはペプチドホルモンなので基本的には注射をして体内に入れますが，最近，吸入インスリンというのができたそうです．インスリンを粉状にして，鼻からインスリンの粉を吸い込みます．肺に入ったインスリンの粉は肺の中で溶解して，血管の中に入っていくそうです．針を刺すのが嫌な人はこの方法が楽かもしれないですね．

一方，脂溶性のステロイドホルモンなどは口からの経口投与，注射，皮膚への塗布でも効果があります．湿疹ができたときに塗る軟膏には合成副腎皮質ホルモン剤が含まれているものがあります．また育毛剤には合成女性ホルモン剤が含まれているものがあります．最近は閉経後の女性のホルモン補充療法として，女性ホルモンの含まれた粘着シールを皮膚に貼っておくだけでシールから女性ホルモンが体内に入る，というやり方があります．女性ホルモンの減少が関係すると考えられる骨粗しょう症，アルツハイマー型認知症の予防効果があると言われています．私は魚を使ってホルモンの研究をしていますが，腹腔内投与の他に飼育水にステロイドホルモンを溶かして，鰓，皮膚をとおして魚にステロイドホルモンを取り込ませる，という投与法もときどき使います．また餌にステロイドホルモンを浸み込ませ，餌とともにホルモンを投与するという方法もあります．

コラム24 ホルモンの定義と名称など

ホルモンとはある細胞で作られた物質が血液に運ばれて他の細胞に作用する，いわゆる内分泌のしくみではたらく物質を意味していました．しかし最近，ある細胞がつくった物質が血管に放出されなくても，周囲の細胞に影響を与える場合（傍分泌），またある細胞がつくった物質がその細胞自身に影響を与える場合（自己分泌），それらの物質をホルモンと呼ぼう，という提案がなされました（図10-4）．すなわち細胞間の化学

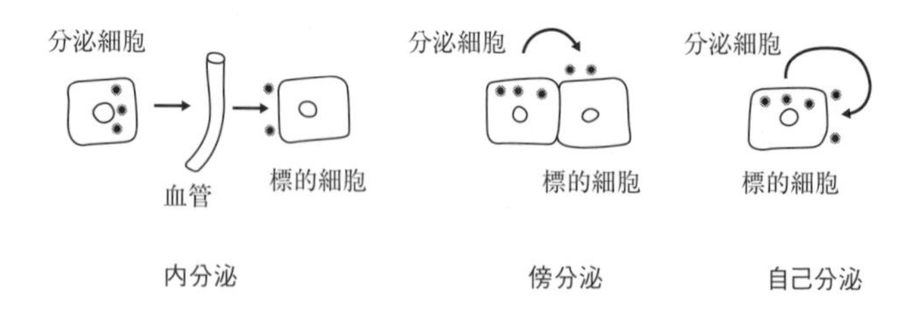

図10-4　内分泌，傍分泌と自己分泌．
内分泌：細胞の産生した物質が血管内に放出され，血液に運ばれて標的細胞に作用する．
傍分泌：細胞の産生した物質は血管に入ることなく組織液を通して周囲の標的細胞に作用する．
自己分泌：細胞の産生した物質がその細胞自身に作用する．

情報伝達を行う物質をすべてホルモンと呼ぼう，ということです．ただしこの定義にはちょっと問題があります．この定義をからだの中で起こっているすべてのことにあてはめると，神経の終末からシナプスで放出される神経伝達物質もホルモンということになってしまいます．また細胞がつくり特定の細胞を増殖させるタンパク質を成長因子と呼んできましたが，これもホルモンになってしまいます．さらに造血系，免疫系で作られるタンパク質のサイトカインもホルモンということになってしまいます．ある物質がホルモンと呼ばれたり，成長因子と呼ばれたり，サイトカインと呼ばれたりすることがありますが，内分泌学者がその物質を扱うときはホルモン，細胞生物学者は成長因子，免疫学者はサイトカインと呼ぶことがあります．それぞれの学問分野での歴史があり，同じ物質でも自分の分野での呼び方で呼ぶことが多々あります．たとえば，脳の神経細胞がつくるペプチドを内分泌学者は総称して神経ホルモンと呼ぶことがありますが，神経科学者は神経ペプチドと呼びます．このように同じ物質でも異なる研究分野の研究者たちが，異なる呼び方をすることが多々あります．それぞれの学問分野にはそれぞれの歴史があり，その分野で長い間ある名称を使っているため，分野間での調整はなされていません．困ったもんですね．本書の最初に対照表をつけましたが，これもそういうことです．

またホルモンの名前は，最初にその生理作用がわかった場合にその生理作用に基づいて名前が付けられているものが多くあります．たとえば濾胞刺激ホルモン（FSH）と黄体形成ホルモン（LH）は雌での作用に基づいて名付けられています．雄には濾胞も黄体もありませんが，これらのホルモンは雄にもあり，名前はそのまま濾胞刺激ホルモンと黄体形成ホルモンを使っています．それぞれのホルモンの雄でのはたらきは精子形成の促進です．しかし，この場合，同じホルモンを雌と雄で別の呼び名にはしません．

その他にある動物での生理作用を示すホルモン名が，他の動物にはそぐわなくても，最初に名付けられたものをそのまま使います．たとえば脊椎動物のプロラクチンは下垂体から分泌されるホルモンで，日本語に訳すと乳汁分泌刺激ホルモンとなります．しかし哺乳類以外の脊椎動物にも相同のホルモンがあります．もちろん哺乳類以外の動物には乳腺はありません．動物種ごとに異なるはたらきをしますが，ホルモンの名前はみなプロラクチンです．ちなみに淡水魚類では，プロラクチンは鰓に作用して塩類の取り込みを促進し，淡水適応の作用をもつことが明らかとなっています．魚はミルクをつくりません．しかし魚の下垂体でつくられるこのホルモンはプロラクチンと呼ばれています．

また魚類で最初に見つかったホルモンにメラニン凝集ホルモン（melanin concentrating hormone, MCH）というのがあります．このホルモンは最初に魚で発見されました．視床下部で合成され，下垂体から放出されるホルモンです（ホルモンの産生・放出様式の 3）です．）．魚類では皮膚の黒色素胞に作用し，メラニン顆粒を凝集させ，体色を明化するホルモンとして発見されました．その後，哺乳類の脳でもこのホルモンが発見されましたが，哺乳類ではこのホルモンは血中に放出されず，またメラニン顆粒を刺激して体色変化を起こすことはありません．哺乳類ではこのホルモンは脳内ではたらき，食欲を促進する生理作用があることがわかりました．また後に，ある種の魚類においても食欲を促進することが明らかとなりました．医学の世界では，あるいは動物学においても食欲を研究する研究者の間では，このホルモンはメラニン凝集ホルモンとは呼ばれず，単に MCH と呼ばれています．

なおついでながら，ホルモンの「分泌（secretion）」という言葉は，本来ホルモンの合成 (synthesis) と放出 (release) を合わせた意味と定義されていましたが，最近は放出とほぼ同義に使われることが多くなってきたようです．

コラム 25 松果体とメラトニン

哺乳類以外の脊椎動物の松果体（脳の一部）は外部の光を感じることができます．体の中の眼以外で光を感じることができるってすごいですね．それができないヒトにとってはちょっとイメージできないですね．ただし，光を感じるといっても眼のように像を結ぶことはできません．明暗がわかるだけで，松果体ではものの形を見ることはできません．明暗リズムに反応し，暗いときにメラトニンというホルモンが産生され，脳およびからだに今が昼か夜か，今が夏か冬かということを伝えます．哺乳類の松果体は大脳に覆われて光を受け取ることができなくなり，眼からの光情報が視床下部の神経細胞を介して松果体に伝わり，メラトニンの産生調節をしています．哺乳類以外の動物では，眼以外で光を感じるのは興味深いですね．魚類から鳥類まで頭蓋骨の 1 か所に骨の厚さが薄い部分があり，その下に松果体が位置して光を感じます．

野生の動物は基本的に太陽の光，月の光を感じて 1 日，1 年の周期的な活動をしています．メラトニンは夜間に松果体で合成され，個体の生物時計が作り出す概日リズムを維持するはたらきがあります．ヒトではメラトニンにより睡眠の導入が起こると言われています．しかし人工照明の発達したヒトの世界では，夜に強い光をあびるとメラトニンの分泌が抑制され，概日リズムが乱れ，睡眠障害が起こることがあるそうです．アメリカでは薬局で誰でもメラトニンを買うことができますが，日本ではお医者さんの処方箋がないと買えません．メラトニンは睡眠薬というより，睡眠覚醒リズムの乱れを整える，あるいは時差ぼけを軽減するといった目的で使用されるようです．

コラム 26 魚のホルモンをカイコでつくる

合成ホルモンやヒトあるいは動物由来のホルモンは需要があれば，製薬会社がつくって市販します．しかし魚のホルモンは売っていません．なぜなら魚のホルモンをつくって売っても買う人の人数が限られていて，ビジネスにならないからです．水産養殖の発展のために魚類の生殖内分泌を研究することが重要ですが，そのためには魚のホルモンが必要です．しかし，世の中では魚のホルモンは手に入りません．そこで私が大学院生のとき，私の師匠はあるコイ科の魚の下垂体を 4000 個ほどどこからかで買ってきて，私に生殖腺刺激ホルモン（GTH）を精製するように言いました．私は抽出，クロマトグラフィーにより，そこからわずか6 mg の黄体形成ホルモン（LH）を精製しました．私の最初の研究論文はこの魚の LH の精製の論文です．当時，私にとってはとても大変な仕事でした．おそらく製薬会社に頼んだらあっというまにできるような仕事だったと思います．もし製薬会社にこの仕事を特別にお願いしてやってもらったら，相当な額の作業料金を請求されたのではないかと思います．しかし，当時魚の LH を持っている研究者は世界に数名しかおらず，このホルモンを使って私の所属する研究室の魚類の生殖内分泌研究が大きく進みました．

その後，下垂体を集めてホルモンを精製するということを数回やりましたが，大変な労力でもうやりたいとは思いませんでした．特に魚から下垂体を取り出す作業が大変なこと，下垂体を取り出した後の魚を処理すること（地面に大きな穴を掘って埋める）に多大な労力を要しました．前にも書きましたが，そこで私はバイオテクノロジーの技術でキンギョとウナギの LH および FSH（濾胞刺激ホルモン）をカイコで作りました．これは会社（片倉工業）との共同研究です．下垂体から精製した少量のホルモンは，実際に魚に注射をするとあっというまになくなってしまいます．それなら一度システムが確立されたらいくらでもホルモンのできるバイオテクノロジーがよいと思って，しかも大量にホルモンができるシステムがよいと思ってカイコを宿主としてホルモンをつくりました．カイコは真核生物なのでタンパク質への糖鎖の付加も行われます．カイコの幼虫に魚の LH あるいは FSH の遺伝子を，ウィルスを介して導入し，その遺伝子がカイコ体内で発現し，ホルモンがカイコのヘモリンパ内に放出されます．そうしてつくったホルモンをキンギョ，ウナギ，タナゴに注射してホルモンが効いた時は感動しました．自分で下垂体から精製したホルモンをタナゴに注射して効果がみられた時もうれしかったのですが，ホルモンを含むカイコの幼虫のヘモリンパを魚に注射をして効果があった時は，本当に魚のホルモンが昆虫の体の中でできていたことを実感してより大きな感動をしました．会社がホルモン作製を担当し，私は魚への投与を担当しました．虫嫌い（特に幼虫）の私にとってはよい共同研究でした．大きな成果も出ました．2 社の新聞がこの研究を記事として取り上げてくれました．会社のこのプロジェクト担当の方々には今でも心より感謝をしています．

しかし私がカイコでつくった魚のホルモンは今ひとつ効きがよくありません．そこでさらに大量のホルモンをつくりました．効きが悪いのなら大量に注射すればよい，なぜなら大量にホルモンがつくれるのがバイオテクノロジーのメリットだから，ということでどんどん研究費をつぎ込んで大量のホルモンをつくりました．これはやってみてわかったことなのですが，昆虫がタンパク質に付加する糖鎖（マンノース）と脊椎動物が付加する糖鎖（シアル酸）には違いがあり，魚類の免疫系はこの違いを予想以上に強く認識し，我々のつくったマンノースのついたGTHは魚の体内ですぐに分解されてしまっていたようです．ここで研究費も尽きてこの研究は終わりにしました．当時，酵母あるいは昆虫の培養細胞を宿主にすることも考えましたが，これらの培養系ではできるホルモンの量が少なく，1匹の魚に注射できるほどの量のホルモンはできません．また付加される糖も脊椎動物とは異なるものです．哺乳類の培養細胞を宿主にすることは考えませんでした．なぜなら酵母，昆虫の培養細胞よりもできるホルモンの量がもっと少ないこと，また培養液の値段がべらぼうに高いことが，哺乳類の培養細胞を宿主に選ばなかった理由です．その後，水産庁の研究所の若い研究者が莫大な費用を使って哺乳類の培養細胞を宿主としてウナギのGTHをつくりました．このホルモンにはシアル酸がついているせいか，私のつくったウナギのGTHよりはるかに少量で大きな効果があるようでした．

私のつくったホルモンは，魚に注射すると効きが悪いのですが，試験管内での実験用になら代謝という要素がなく，免疫系も作動しないので十分研究に使えます．つくったホルモンは国内外の研究者に配布しました．魚類の生殖内分泌の研究の発展と水産増養殖への応用ということでこの研究を始めましたが，後者の目的は達成できませんでした．研究をしている当時，世界で一番大量の魚類の組み換えホルモンを持っていました．しかしホルモンの効きがよくないという問題もありました．その当時私が考えていたことは，小林がつくったホルモンよりもっと良いホルモンをつくる，という若者がでてきてくれないか，ということです．研究者は自分の研究の発展に喜びを感じますが，自分の研究をさらに発展させる後継者がでてきてくれないとさびしいものです．幸い日本の水産庁では高品質の魚類の組み換えホルモンがつくられているようで安心しました．単なる負け惜しみ？

コラム 27 農学部における動物生産の考え方

ニワトリの卵は，現在 1 年中お店に行けば売っていて，買うことができます．それはニワトリが 1 年中卵を産んでいるからです．しかし，江戸時代にはニワトリの卵は春にしか食べられなかったのではないかと思います．なぜなら本来ニワトリは季節繁殖で，日長時間が長くなることが刺激となって性成熟が進み，卵を産みます．それではなぜ養鶏場のニワトリは 1 年中卵を産むのでしょうか．それは飼育設備の照明を長日条件にしているからです．ニワトリの雌はいつも春だと思って基本的に毎日卵を産みます．それで今は 1 年中，ニワトリの卵が手に入ります．ニワトリは本来春に卵を産みますが，それは 1 年の繁殖期にしか卵を産む能力がない，ということではなく，条件がよければいつでも卵を産む能力がある，ということです．このように生き物の潜在能力を引き出して人の役に立てることは，人に食糧を供給するとうことでとても重要なことなんです．

ここでは農学部における食物生産の考え方について説明しますね．私は農学部の水産学科の出身です．農学部では，1 年中，国民に食糧を供給できることをひとつの目的として動植物の研究がなされています．大昔は冬になると食べ物がなくなり，秋のうちに食べ物を保存食としてためておいたのでしょう．しかし保存食が足りなくなったら飢えてしまいます．そこで国民が飢えることのないように 1 年中食べ物が手に入るのが理想です．そこで動物については，まず繁殖期以外に繁殖をさせる，ということがひとつの課題となります．それによって 1 年中，卵が入手できる，家畜のこどもが入手できる，ということになり，国民への食べ物が 1 年中供給可能となります．家畜の場合，1 年中子どもが生まれるということは，その後しばらくして 1 年中出荷サイズの家畜が得られるということです．

それでは 1 年中動物を繁殖させるにはどういう方法があるでしょうか．先ほどのニワトリの卵のケースのように，環境条件を調節して 1 年中春，1 年中秋といった条件下で動物を飼うと，本来の繁殖期とは異なる時期に卵，こどもを得ることができます．

もうひとつは，長い時間をかけていろいろな系統の家畜の中から 1 年中繁殖をする系統を選び出す，という方法（育種）があります．かつては哺乳類で 1 年中繁殖できるのは，ヒト，ネズミなどの実験動物および季節のない熱帯の動物だけでした．しかし家畜化されたウシ，ブタでは繁殖期がなくなり，今では 1 年中，いつでも繁殖可能となりました．一方，ヒツジ（秋），ヤギ（秋），ウマ（春）ではまだ繁殖に季節性が残り，きまった季節にしか繁殖を行いません．ヒツジ，ヤギの妊娠期間は約 5 か月です．ウマの妊娠期間は 11 か月です．交尾をしてちょうど餌の多い春にこどもが生まれるようになっているんですね．それではシカの妊娠期間はどれくらいでしょうか．私は 5 か月くらいと推測します．古今和歌集に「奥山の紅葉踏み分け鳴く鹿の，声聞く時ぞ秋は悲しき」とあります．おそらくこれは雄の求愛の鳴き声ですね．そして交尾をして春にこどもが生まれます．生物学者の私は，そういう解釈をします．この歌を詠んだヒトは秋は悲しき，かもしれませんが，雄のシカは，秋は悲しきではなく，秋は「ムラムラ」ではないでしょうか．

さらに1年中繁殖が可能なウシ，ブタでは人工授精により，繁殖のコントロールがされています．いわゆる種付けです．これにより計画的に繁殖をコントロールすることができます．

卵の他に，牛乳も1年中手に入れることができます．乳牛は出産後の約300日間乳を出します．その後2～3か月は乳は得られません．しかし現代では1年間時期をずらして繁殖を行えば，1年中どこかで乳を出している雌のウシがいるということになります．

一方，水産業における魚，エビの養殖などはこのように季節を変えて繁殖させることはまだあまりうまくいっていません．養殖のための繁殖技術は急速な技術の進歩があり，ある季節に確実にこどもをつくることができるようになってきました．しかし環境要因を変化させて人工的に季節を変えて飼うのは経費がかかります．飼育のために水温を上げたり下げたりするには莫大な費用（電気代，ガソリン代）がかかります．植物の温室と違って水の比熱は大きいのです．また養殖場全体の日照時間を調節するのも困難です．長日化は養殖池に照明をつけることでなんとかできますが，短日化は，広い池全体に覆いをするなど，かなり困難です．

植物でもいろいろな季節にいろいろな作物がとれるようになってきました．また南半球から日本に作物を輸入することにより，日本では採れない時期の果物などが手に入ります．私が驚いたのは，真夏の暑いときに長崎県でハウスミカンを食べた時です．この時期にミカンを食べてよいのかという何か後ろめたさがありましたが，一口食べてそのおいしさに圧倒され，農家の人の努力，そして感謝の気持ちを感じました．夏にはいろいろな果物が収穫できるので，栄養の補充という点では夏にミカンは必要ないかもしれませんが，付加価値，経済的な点からは生産者にとっては意義のあることだと思います．ただしなんでも1年中手に入るようになると食べ物の「旬（しゅん）」ということが薄れていきますね．

コラム28 魚の繁殖季節の調節

魚の季節繁殖について説明しておきますね．多くの人が誤解をしているようですが，春に産卵するキンギョ，春から夏にかけて産卵をするメダカ，バラタナゴは，冬から春にかけての日照時間の延長で性成熟が始まることはありません．どうも鳥での長日化による性成熟促進という知見が魚にもあてはまると思われているようです．キンギョ，メダカ，バラタナゴでは，春の水温上昇により性成熟，産卵が開始し，そのときの日照時間は短日でも，長日でも起こります．すなわち日照時間の長さに対する感受性（光周性と言います）はありません．キンギョでは夏の高水温が産卵を停止させます．メダカ，バラタナゴでは夏でも卵を産みます．そして秋になると春と同じ水温になりますが，キンギョは産卵しません．メダカ，バラタナゴは産卵をやめます．興味深いことに，このときこれらの魚が産卵をしない，あるいは産卵をやめる環境要因は日照時間の短日化なのです．春には光周性がなかったのですが，夏の間に脳に光周性ができて，短日を感じて，産卵をしなくなります．そして冬の低水温の間に光周性はなくなります．不思議ですね．この光周性の発現と消失のメカニズムはわかっていません．水産業では環境要因による養殖魚の繁殖の制御は経費の点からあまり行われていませんが，研究に使うキンギョ，メダカではこの性質が利用され，1年中受精卵を得ることができます．私はキンギョを20℃，長日で飼育しています．そうすると春に買った魚でも，秋に買った魚でも1か月ほどで飼育室で性成熟，産卵をします．この状態でキンギョを飼い続けていると，キンギョは1年中性成熟を維持します．一方，研究用のヒメダカを27℃で飼い続けると，常に光周性が維持され，長日で生殖腺の発達，短日で生殖腺の退縮が起こるそうです．

それでは，秋に産卵するサケ科の仲間の赤ちゃんは冬の餌のないときどうしているのでしょうか．サケの仲間では短日で性成熟が促進され，長日で飼うと性成熟が遅れることが知られています．サケ科の仲間の卵は，直径が4～5 mmで，キンギョ，メダカの直径約1 mmとは大きな違いがあります．サケの筋子，イクラをイメージすればわかりますね．サケの仲間の卵の直径が大きいということはそれだけ卵の黄身，こどもへの栄養が多いということです．サケの仲間は秋に産卵して，こどもは冬に孵化します．しかし孵化してもまだ泳ぎ出しません．おなかにはまだ大きな卵黄をつけています．そして春になると泳ぎだして，種によっては海に向かって川をくだります．すなわちサケのおかあさんは，こどもに大量のお弁当を与えているのです．ですから冬の餌のないときでも大丈夫なんです．

第 11 章　進化と分類

11-1 動物の分類

生物学において分類のところは覚えることが多く，あまり面白い分野とは思えません．実際にみたこともない動物がどのグループに所属するか，ということを学ぶのはピンとこないですよね．本当に暗記中心の勉強になりますよね．私は 40 歳を過ぎて初めて生きたナメクジウオを友人から見せてもらいました．そして実物はこんなに小さいのか（体長 5 cm くらい）と驚きました．私は高校生の時からナメクジウオという名前は知っていましたが，なぜか体長 10 cm くらいと想像していました．何も根拠はありません．私の娘は初めて動物園に行ってシマウマを見た時，あまりの大きさに驚いたと言っていました．娘いわく，シマウマは猫くらいの大きさだと思っていた，とのことでした．これは何も小林家の変な血筋ではなく，実際に本物の動物を見るまで，写真や絵を見ただけでは，その動物の大きさはわからなかったという学生は多々います．実際に旅行に行ってその土地の文化，歴史を知り，その土地の良さがわかるのと似た感覚かもしれません．

動物の分類は，分類が生物学の一分野として学問になった頃は，動物の類縁関係，すなわちどの動物とどの動物が近縁かということが中心的な考えでした．その後，分類の手法も動物の形態，発生過程，動物のもつタンパク質の性質，遺伝子の塩基配列と変わってきました．そして分類に対する考え方も変わり，近年は進化という考えが中心となりました．動物の系統樹というのは動物の類縁関係を示すものではなく，進化の道筋を推測したものということになりました．実際に進化の道筋をたどるには，いくつかの動物を解剖してみるとなんとなくイメージできます．私の担当する実習では，サカナ，カエル，ネズミそしてザリガニを解剖してそのからだのつくりの違いを理解してもらっています．しかし動物の解剖は誰でも簡単にできるわけではありません．そこで動物園，水族館に行って生物学的な観点から本物の動物を見てみるのもよいでしょう．日本には動物園，水族館が多数あり，日本ほど世界中の動物が観られる国は他にないのではないでしょうか．話は少しそれますが，デートに行くなら動物園よりは水族館をお勧めします．動物園は屋外なので夏は暑く，冬は寒く，広くて歩き疲れ，場所によっては臭いも気になります．その点，水族館は屋内で空調が効き，ちょっと薄暗いのもよいかと思います．最近，学生から水族館にデートに行くと，その後，そのカップルは別れる，という都市伝説がある，と聞きました．本当かな？

11-2 動物の進化

話を進化に戻します．現代の生物学では，進化はダーウィンの「自然選択説」によって説明されています．多くの場合，同じ種であってもいろいろな地域に分散して生息しています．そしてそれぞれの生物集団は突然変異などにより多様な遺伝子をもつ個体が集まって成り立っています．これは同じ種の個体でも個体変異があるということです（個体差，ヒトでいう個人差）．ある地域に生息する動物集団において，その地域の環境が大きく変化した時，新しい環境に適応できる性質をもっていた個体だけが生き残り，子孫を残します．この個体の遺伝子は次世代へと伝わります．適応できなかった個体は死にます．この個体の遺伝子はここで終わりになります．そうするとこの集団全体の遺伝的性質はもとの集団のものと少し変わります．このようなことが繰り返されて代を重ねると，新しい集団はもとの集団とは異なる性質をもつ集団となります．もとの集団と生殖が不可能となるくらい違いが大きくなると，それは新しい種が生まれたということになります．これが自然選択による進化のしくみです．ちなみにアニメのポケモンの「進化」は生物学的には進化ではなく，「変態」です．ついでながら付け加えておくと，家畜，野菜など人間にとって都合のいい性質を代々選んでいくことは「人為選択」です．そしてこれは進化ではなく「育種」と言います．ダーウィンが自然選択を思いついたのは，鳩の育種がヒントになっていると言われています．

ダーウィンは進化論という生物の性質についての考えを提唱しました．そのことは「種の起源」（1859 年に初版が出版された）に詳しく書かれています．私も本棚に「種の起源」の日本語訳（渡辺政隆訳，2009 年，光文社，上巻，下巻）があります．「種の起源」は一生のうちに読むべき本の 1 冊と言われていますが，私はこれらの訳本をなかなか読む気になれませんでした．これらの本は基本的に文字ばかりで図がほとんどないんです．結局私は各巻の訳者まえがきとあとがきを読みました．他に私の本棚には，「新版図説種の起源（リチャード・リーキー編，吉岡晶子訳，1997 年，東京書籍）があります．これもちょっとてごわく，ダーウィンの書いた序文と編者の解説だけを読みました．最近見つけた本で「ダーウィン『種の起源』を漫画で読む」（マイケル・ケラー編，夏目大訳，佐倉統監修，2020 年，いそっぷ社）というのがあります．これは楽しく読めました．皆様にもお勧めします．ダーウィンは様々な生物の観察から，地球上の多様な生物は，あるひとつの祖先型が，長い過程を経て変化してうまれたものである，という考えにいたりました．「種の起源」が出版されたのは今から約 160 年前のことです．まだメンデルの遺伝の法則が知れ渡るまえのことで，もちろん遺伝子の本体が DNA であることが発見される前のことです．今でこそ生物の進化は当たり前のこととして学校の生物学の教科書で教えられていますが，このような生物の法則性を見出すことは，当時としては天才的なことであったのではないかと私は考えています．ロシア（現ウクライナ）出身の遺伝学者・進化生物学者ドブジャンスキー（1900-1975）は「進化を考慮しない生物学は何も意味をなさない」という有名な言葉を残しています．

自然界の現象は，そのもっともらしさから科学では，法則，理論，仮説というランクに分けられています．ダーウィンの進化論は，完全に証明されたわけではないので，法則ではなく，理論です．進化の法則ではなく，進化論なのです．時間的に壮大な再現実験ができないため，完全な証明はできていませんが，モデル動物による実験では，進化を裏付ける結果は得られています．このことについては，拙著「理科系研究者がハッピーな研究生活を送るには」（小林牧人・藤沼良典，2021，恒星社厚生閣）をご参照ください．

またダーウィンの進化論は社会的にも大きな意義があります．それまで西洋の多くの国では，地球上のすべての生物は神様がほぼ同時期につくり，1 度つくられた種は，何年経っても何世代を経ても変化しない，という神様による「創造説」が常識でした．ダーウィンの進化論は創造説を根底から覆すものでした．当然，進化論の発表後，ダーウィンは多くの批判を受けました．しかし私は，物事を科学的に考えるのは科学者の社会への貢献と考えています．コペルニクスが天動説を覆し，地動説を提唱したのも科学者の社会への貢献かと思われます．

およそ38億年前に単細胞の生物が誕生したと言われ，現在まで生命は脈々と引き継がれています．1匹の動物が38億年生きることは無理ですが，世代を重ねて生き物が途絶えなかったということはすごいことである，と私は思います．もちろん絶滅した種もありますが．そして世代を重ねるごとに形，機能が変化していったこと，またカブトガニやシーラカンスのように昔のままの姿のものが今もいる，というのも面白いことではないかと思います．

ここで読者のみなさんはあることに気が付いたのではないかと思います．ダーウィンは生物の進化の結果としての生物の多様性という考えを提唱しました．それでは，その祖先型となった最初の生物はどのようにして地球上に生まれたのでしょうか．このこと，すなわち生命の起源，はまだ明らかになっていません．いくつかの仮説はありますが，まだ物質から生命をつくる実験に成功した研究者はいません．とても不思議なことですね．

コラム29 生物の進化と遺伝子としてのDNA

インターネットである記事を見ていたら，単細胞動物からヒトまで，遺伝子にはすべてDNAという物質を使っている．このことは，あらゆる動物が共通の祖先から進化したことを裏付けている，とありました．この記事を読んで私は大きく感動しました．手，足，ひれ，翼など動物によっていろいろな形の違いはあっても，細胞分裂の際の遺伝情報（同じ種類の細胞を増やすときの設計図）の媒体（メディア），生殖の際の生殖細胞がもつ遺伝情報（同じ種の子孫を残すときの設計図）の媒体は，すべての生物がDNAを媒体として使っています．言い換えるとすべての生物の生命の設計図はDNAに書き込まれているということになります．

人が何かある物と同じ物を別の人に作ってもらうときに，口伝えで作ってもらうことがあります．しかしこの方法では，設計図というものはありません．2人の人がいなくなったら，もう同じ物を作ることはできなくなります．そこで最初の人が紙に設計図を書いておけば，この 2 人がいなくなっても設計図をもとに別の人が同じ物を作ることができます．この設計図の媒体は紙です．コンピューターが発達し，紙に記録をするのではなく，テープレコーダー，フロッピーディスクという媒体ができました．私が初めて買ったコンピューターでは，プログラムをテープレコーダーに記録していました．また私は，博士の学位論文を 5 インチのフロッピーディスクに記録しました．その後，3.5 インチのフロッピーディスクができて，さらにハードディスク，MO ディスク，ZIP ディスクなどの媒体ができましたが，現在は，コンパクトディスク，メモリースティック，SSD あるいはネット上のクラウドが主な情報記録媒体となっているようです．

地球の歴史が 46 億年，生命の誕生が 38 億年前と言われています．もしかすると 38 億年間，遺伝情報の伝達には DNA が媒体として使われていたのではないかと推測されます．もちろん 38 億年の間に DNA とは異なる媒体で遺伝情報を伝えていた生物がいて，すでに絶滅してしまったということも考えられます．また DNA が遺伝情報の媒体として使われ始めたのは 38 億年前よりもっと後かもしれません．しかし現存するすべての生物が遺伝情報の媒体として DNA という共通の媒体を使っていることは事実です．このことは現存するすべての生物は，その出発点から現在まで世代を超えてつながっているのではないかと考えられます．言い換えると，現存する生物は，DNA を遺伝情報の媒体として使い始めたある 1 種類の生物から進化して現在のような多様な種ができた，ということを示すひとつの裏付けと考えられます．私はこのことに大きなロマンを感じます．

さらに興味深いのは DNA の化学的性質です．それは自己複製という性質です．もちろん DNA が複製されるのは DNA 合成酵素というタンパク質の助けが必要ですが，タンパク質，多糖類，脂肪は，自己複製ができません．2 本鎖 DNA は，二重らせんがほどけて，DNA 合成酵素のはたらきにより，もとと同じ 2 本鎖の DNA が複製されます．しかし，1 度できたタンパク質では，そのタンパク質から同じタンパク質がもうひとつできる，ということはありません．DNA の自己複製という性質により，細胞が 1 つの細胞から 2 つに分裂すると，2 つの細胞は同じ DNA をもつことになります．また生殖細胞（卵または精子）をつくるときは，減数分裂により DNA の量は半分になりますが，たくさんの生殖細胞に複製された DNA が分配されることになります．

第12章　野生動物は「種族維持」のためには貢献しない

12-1　種族維持ということは自然界では起こらない

以前は動物の本質は「個体維持」と「種族維持」ということが言われていました．自分自身を守ることと，自分の仲間を守ることが動物の共通した性質であると考えられていました．しかし，現在では，個体維持は行われるものの種族維持という考え方は否定されています．ヒトおよび一部の社会性動物を除き，自然界における野生動物の本質は「生存」と「生殖」に置き換えられています．これはどういうことかというと，個体は種族を守るために行動をするのではなく，個体の利益（自分の生存と生殖）のために行動する，と考えらえれています．その結果として種族の利益となることもあれば，利益にならないこともあります．場合によっては，種族の損失となっても自分の利益を優先する，ということです．これらの考え方は動物行動学の研究成果として確立されています．たとえば集団で生活するある種のサルは，ボスザルが複数の雌との間でこどもをつくります．しかし，ボスの力が弱くなり，新しいボスができると，新しいボスは前のボスのこどもをすべて殺して，雌とあらたに自分のこどもをつくります．またアフリカでシカの群れの1頭がライオンに襲われたとき，他のシカは襲われているシカを助けるとは限りません．自分がけがをするかもしれないからです．このように野生動物というのは利己的な行動をとります．

世界の生物学では種族維持という考え方はおよそ40年前に否定されて今では，この考え方はなされていません．しかし，なぜか日本の生物学，一般人の間では種族維持の考え方が根強く残っています．その一つの理由として推測されるのは，動物行動学者のローレンツの影響があるかと思われます．鳥のひなの刷り込み現象の発見で有名なローレンツは，フォン・フリッシュ，ティンバーゲンとともに動物行動学の研究でノーベル賞を受賞しました．ローレンツは種族維持を支持する行動学者でした．また日本ではローレンツの著作は日本語訳され，日本人には人気のあるものでした．日本に種族維持の考えが根付いたのはローレンツの本の影響かもしれません．

12-2 野生動物は利己的なんです

一方，種族維持を否定し，動物の利己的な行動を強く発信した生物学者にリチャード・ドーキンスという人がいます（日本では物理学者のスティーブン・ホーキングとよく混同されます）．ドーキンスは「利己的な遺伝子」という本を出版し，イギリス，アメリカではベストセラーとなり，40 年経った今でもベストセラーとして多くの人に読まれ，40 周年記念版というかたちで出版が続けられています．私はこの 40 周年記念版の日本語訳を読みましたが，総ページ数 462 ページという厚い本で，読み終わるまでにかなり難儀をしました．どうしてもう少し簡潔明瞭に言いたいことを書いてくれないのだろうか，というのが私の実感です．ただし内容には賛同します．ドーキンスはこの本で，ダーウィンの自然選択説を支持し，種族維持の誤りを説明しています．また動物の利己的な振る舞いは，つまるところその動物のもつ遺伝子のはたらきによるものであり，遺伝子が動物個体の行動を制御するのだから，動物のからだは，遺伝子の乗り物（遺伝子が行き先を決める運転手だとすると，からだは自動車）のようなものである，と書かれています．こう書くと必ず，いや環境の刺激によって，動物の行動は変わるから環境も大事ではないか，という反論が出るかと思います．

たしかに環境刺激は動物の行動を決めるひとつの要因です．しかし，その環境に応じてどのような対応をするか，ということも遺伝子が決めている，と考えればよいと思います．環境刺激と動物の反応は必ずしも 1 対 1 対応ではないと思います．動物にはたくさんの遺伝子があり，たくさんの対応策をとることができます．そのときの状況に応じて対応を変えるだけの遺伝子，メカニズムは準備されています．ただし，からだのつくりの単純な動物，神経系のあまり発達していない動物，遺伝子の数の少ない動物では，対応策は少ないと思います．

ドーキンスのベストセラーに興味のある人は読んでみてください．ただし，読み切るにはかなり覚悟がいると思います．

第 13 章　生物と生物学の特徴

13-1 生物学にはHowのクエスチョンとWhyのクエスチョンがある

ここでは，生物学を学ぶ人にどうしても知っておいてもらいたい生物学の特徴を 2 つ，簡単に述べます．その 1 つは，生物学には，物理学や化学と違って Why のクエスチョンがあるということです．生物学では，どんなことが起こっているか，どんな生命現象が起こっているか，ということを調べます．これを生物学では観察と言います．社会科学だったら調査というでしょう．川を泳いでいるメダカ，ガラス水槽の中のキンギョ，培地上の大腸菌など遺伝子レベルから生態系レベルまで，いろいろな観点での観察があります．これはどんな時にどんなことが起こっているのか（相関関係），すなわち，How のクエスチョンのアンサーを求めています．

物理学や化学でも物質がどんな挙動をとるか，調べることはあるでしょう．これも How のクエスチョンです．さらに生物学，物理学，化学において，物質と物質の因果関係を調べることがあります．すなわち実験をして，その現象が起こっているメカニズムを明らかにしようとします．何がその現象を引き起こしているのか，というクエスチョンです．これも How のクエスチョンのアンサーを求めています．

物理学，化学，生物学においてここで研究が終わることは多々あります．ただし，生物学ではさらに別のクエスチョンを考えることがあります．動物はなぜそういうすることをするのだろうか，という Why のクエスチョンです．言い換えると，その現象，メカニズムは，その動物が生きていくうえで，どんな意義があるのか，その個体の生存，生殖の効率を上げるのにどう役立っているのだろうか，その動物の適応度（fitness）を高めることにどう役に立っているのだろうか，というクエスチョンです．例えば，ある昆虫は，からだが平ぺったく，色も緑色をしていたとします．その昆虫がどのような色素（物質）を使って，植物の葉っぱの色にからだの色を似せているか，というHowのクエスチョンも考えられますが，その昆虫がどうして葉っぱに擬態をしているのか，というWhyのクエスチョンも考えられます．後者の答えの仮説としては，捕食者にみつかりにくくする，あるいは餌動物に気づかれずに餌動物を捕食する，などといったことが考えられます．でもそうすると同種の生殖相手を見つけるのが難しくなりそうですね．そこでHowのクエスチョンとして，その種だけでコミュニケーションがとれるフェロモンを使う（フェロモンを使う相互のコミュニケーションはケミカルコミュニケーションとも言います）といった考えに発展していきます．このように生物学では，物理学や化学にはない，Whyのクエスチョンがあります．このWhyのクエスチョンがあるところが，生物学のもっとも生物学らしいところかと思われます．

13-2　生物学ではマジョリティーのことが教科書に書いてある

次に生物学の２つ目の特徴について説明しますね．

物理学や化学で扱う分子と異なり，生物学で扱う生物個体は，クローン生物は別として，基本的に個体ごとにみな遺伝子が違います．個体差，個人差があります．生物学では「個体変異」といいます．同じ種の動物でも100匹の動物がいたら，みな遺伝子が少しずつ異なります．ある性質について着目すると，そうであるものとそうでないものに分かれることがあります．そのどちらかの多い方がマジョリティーで，少ないほうがマイノリティーということになります．また別の性質について着目すると，今度は別のマジョリティーとマイノリティーができます．最初の性質ではマイノリティーだったものが，マジョリティーに区分されることもあるわけです．このように自然界の野生動物，人間社会のヒトには多様性があり，マジョリティーとマイノリティーがみられます．生物に個体変異があることは，生物学では当然のことと考える暗黙の了解です．

次に教科書についてみてみましょう．物理学，化学の教科書には地球上で起こる基本的に普遍的真理が書かれています．ですから，物理学，化学の教科書に書かれていることは絶対的に正しいと考えられています（ただしごくまれに理解が変わることもあります．例えば，だいぶ昔の話ですが，天動説は地動説に考え方がかわりました）．それでは生物学の教科書はどうでしょうか．そもそも生物には個体変異があるので，生物学において絶対的にそうだ，というのは難しいことなのです．ですから，生物学の教科書に書かれていることは，生物にみられるマジョリティーのこと（現象，機構など）について書かれているのです．そしてマイノリティーのケースは書かれていないのです．知ってましたか？　このことは生物学を学ぶ上でとても重要なことなのですけれど，日本の生物学の教科書にはどこにも書いてないですね．私は生物学の教科書の最初にこのことを書くべきだと思っています．

例えばあるホルモンに効果があるのかどうか試す際に，10 匹のネズミにホルモンを注射して，その結果，8 匹のネズミに変化があった．一方，対照群の 10 匹のネズミには生理食塩水を注射して，10 匹のネズミには何も変化が起こらなかった，とします．ここで生物学ではホルモンが効いたかどうか統計学的な検定をします．この実験結果が偶然起こったことかどうか，その確率を調べるのです．実際に検定をしてみると，10 匹中 8 匹のネズミに変化のあったということが偶然起こるという確率は極めて低い，という判定がでます．そうすると生物学では，このホルモンは効く，と結論づけます．ちょっと待って？ 10 匹全部が反応したわけではないのにそういうふうに結論を出すの？　そうなんです．生物学ではマジョリティーの結果で結論を出します．それではホルモンが効かなかった 2 匹はなんなの？　おそらくネズミにはホルモンに対する感受性に個体差があって，この 2 匹はホルモンに対する感受性が低く，ホルモンの効きが悪かったのかもしれない，などと解釈します．生物には個体差があるから，10 匹のうち 2 匹にそういうネズミがいてもおかしくないよ，と多くの場合，マイノリティーは無視されます．

このように生物学の教科書はマジョリティーの結果が書かれているので，教科書に書いてあることとは異なる生命現象はよく見られます．大学生が教科書に書いてあることとは異なる現象を見つけると，この教科書は間違っている，と文句を言うことがよくあります．いえ，教科書は間違っていません．学生がたまたまマイノリティーの現象を見た，ということです．ですから，生物学の教科書や参考書をみると，「多くの場合」，「原則として」，「基本的に」などといった条件付けが多いことに気がつくでしょう．それは教科書はマジョリティーを取り扱っているからです．

同様に生物学での性は雌と雄だけの「性の二元性」という考えをとります．これはまさに生物学がマジョリティーを対象とした学問である，ということがわかります．社会あるいは社会学では，性は女と男だけではない，ということが言われていますが，それはヒトも生物で個体変異がありますから，マジョリティーとマイノリティーがあって当然なのです．ただし生物学の教科書ではマイノリティーを扱わない，というのが慣例なんです．だから生物学では，雌と雄の性の二元論をとるのです．ただし大事なことは，けっしてマジョリティーがノーマル，マイノリティーがアブノーマルということではありません．マジョリティーは数が多い，マイノリティーは数が少ない，ということで，良い悪いという意味はありません．

「性の二元性」については生物学ではもうひとつの意味があります．仮に雌の性をA，雄の性をBとしたとき，Cという性，Dという性は少なくとも脊椎動物では見当たりません．AとBによる生殖はあっても，AとCによる生殖，BとDによる生殖という組み合わせの生殖はありません．すなわち，性の三元性，四元性というのはなく，性は二元性ということになります．

生物の特徴と生物学の考え方は物理や化学とは大きく異なります．酸素の個体差，窒素の多様性なんてないですよね．しかしこの生物の特徴と生物学の考え方については，ほとんどの人が気がついていないと思います．物理学も化学も生物学も教科書に書いてあることはすべて正しい，というのは正しくありません．知ってた？

日本の生物学教育，なんかおかしくない？　私の方がおかしい？

第 14 章　動物の行動

14-1 ティンバーゲンの4つの問い

動物園，水族館やペットショップで動物の行動を観ていると心が癒やされることがあります．私は水族館でイワシの群れを観ていると，しばらくそこから離れられなくなります．また動物の行動はとてもおもしろく，私は魚の行動研究をしてきました．しかしじっとしていてあまり動かない動物は，こちらが無視されているようでつまらないと思ってしまうこともありますね．

動物が行動を起こすには，基本的に神経系と筋肉が使われます．これらの器官は動物が行動をするためのハードウェアと言えるでしょう．神経系は筋肉に指令を出し，筋肉はその指示に従ってからだを動かします．さらに動物の行動に影響を与えるものに外部環境要因と生理的要因があります．生理的要因としては，その動物の成長段階，性成熟度，栄養状態，健康状態などの情報が脳に伝えられ，その情報に応じて脳は行動パターンを決めます．これらの生理的要因は，行動のためのソフトウェアとも言えるでしょう．動物の行動の種類としては，捕食，摂餌（摂食），敵からの逃避，生殖，保育などがあります．動物の行動を科学的に解析する動物行動学という研究分野は，3 人の生物学者によって確立されたと言っても過言ではありません．その 3 人とは，ティンバーゲン，ローレンツ，フォン・フリッシュです．この 3 人の生物学者は多くの業績を残し，ノーベル生理学・医学賞を受賞しています．ここでは最初に，ティンバーゲンの提唱した動物行動学における 4 つの問いを紹介したいと思います．

究極要因

1.行動の適応的意味：その行動が，それぞれの環境下で，その動物の生存・生殖にどのように役に立っているか？

2.行動の系統発生：その行動が，どのような祖先型の行動から変化してきたのか？

至近要因

3.行動のメカニズム：その行動が，どのような内的・外的メカニズムで制御されているのか？

4.行動の発達：その行動が個体の発達・成長とともにどのように習得されていくのか？

最初の2つの問いは，究極要因の問いと言われ，whyのクエスチョンです．その行動が，その動物が生きてく上で，どのように役に立っているのか，ということを明らかにするために研究が行われます．そのあとの2つは至近要因の問いで，howのクエスチョンです．その動物の行動が起こるためにはどのようなメカニズムがあるのか，ということを明らかにするために研究が行われます．動物行動学のなかでもさらに細分化されたいろいろな学問分野があり，whyのクエスチョンを求める分野もあれば，神経，ホルモンなどがどのようにはたらくか，といったhowのクエスチョンを求める分野もあります．このティンバーゲンの考え方は，今でも動物行動学の基本的な考え方となっています．またこの考え方はとても優れており，他の生物学の研究分野においてもこの考え方をもとに研究が進められることがあります．

14-2 行動が起こるための条件

ここでは脊椎動物の性行動（生殖行動）を例にあげてその発現の条件について考えてみましょう．哺乳類では，男性ホルモン（雄性ホルモン）が雄の性行動を誘起する，といった表現がされることがあります．しかし，この表現は必ずしも正しいとは言えません．雄のネズミに男性ホルモンを注射したらすぐに雄が性行動（マウンティング）を始めるかといったら，それは起こりません．雄の性行動を起こすために男性ホルモンは必要な条件ですが，男性ホルモンが雄の性行動を起こす引き金にはなりません．性成熟した雄の精巣で十分な男性ホルモンがつくられ，脳が男性ホルモンに十分に曝されている状態の時に，外部から何らかの性的な刺激がくると，雄の性行動の引き金がひかれます．ネズミの場合，雄は誘惑行動を行う雌との遭遇が引き金となって性行動を始めます．すなわち男性ホルモンは必要条件ですが，引き金にはなりません．また性的に未熟な雄は，雌の誘惑行動に遭遇しても，男性ホルモンという必要条件がみたされていないので性行動の引き金はひかれません．雌については，性周期に伴い，血液中の女性ホルモン（雌性ホルモン）濃度が高まると，雌は雄に対する誘惑行動を盛んにとるようになります．この場合，女性ホルモンは性行動が起こるための必要条件です．ただし，近くに性成熟した雄がいなければ雌は行動しません．雄の存在が引き金となっているのです．

また雌に女性ホルモンを与えると雌型の性行動が起こりますが，男性ホルモンを与えても，雄型の性行動は起こりません．雌には雄型性行動を起こす神経回路がないからです．同様に，雄に女性ホルモンを与えても，雌型の性行動はしません．性行動に限らずどのような行動ができるか，ということはその行動を制御する神経回路が脳になければ，その行動は起こりません．サルに鉛筆をもたせて線を描かせることはできるかもしれませんが，ヒトと同じレベルで文字や絵を書かせることはできません．

神経回路，生理的要因がみたされていても，環境要因が不十分であると生殖行動が起こらないことがあります．私がモデル動物として飼っているキンギョでは，水温を12℃という冷たい温度で飼うと，雄も雌も性成熟は十分に進みますが，産卵はしません．春が来て水温が上がるのを待っています．もしこの時に産卵しても，稚魚の餌となるプランクトンがないと魚は感じているのでしょう．私が飼育水の温度を20℃に上げると，水槽内のキンギョは数日内に産卵行動を行います．さらにここでもうひとつの環境要因が加わることがあります．光周期（昼夜の明暗リズム）です．キンギョの雌の排卵は夜中に起こり，雌雄での産卵行動は明け方に行われます．捕食者に襲われることを避けるためでしょうか，産卵行動は昼間には行いません．人工的に昼夜を逆転させてキンギョを飼うと，人工の夜明けの時刻に産卵をします．またキンギョは水槽内の水深の浅いところに設置された水草に卵を産み付けます．水槽内に水草がないと，雄が雌を追いかける求愛行動（追尾（ついび））は行われますが，雌は卵を産み付けるものがないので，産卵（卵をからだから出す）をすることをしません．最近，都会の川や湖の岸は洪水を防ぐためにコンクリートで固められていますが，これでは浅瀬に水草が繁茂せず，水草に卵を産み付ける魚は，子孫を残すことができなくなります．フナ，メダカが減っているのは，これらの魚が住めない環境ということではなく，産卵できない環境になってしまったためです．興味のある人は拙著「日本の野生メダカを守る，生物研究社」をご参照ください．

その他にもキンギョの産卵行動に影響を及ぼす要因があります．これは飼育室で実際にみられたことですが，雌雄のキンギョが産卵行動を行っている水槽に，キンギョよりひとまわりからだの大きいコイを1匹入れてみました．そのとたんに雌雄のキンギョは産卵行動をやめ，2匹ともおびえて水槽の底にじっとして動かなくなってしまいました．私はキンギョとコイは他人だから，キンギョは気にせず産卵行動を続けると思っていましたが，よほど大きなコイが怖かったのでしょうか．私は予想しない結果に驚き，キンギョにかわいそうなことをしてしまったと申し訳なく思いました．生理的要因，水温などの環境条件がみたされていても，捕食者と思われるような動物がいる前では生殖行動はしないということですね．哺乳類では，排泄時は無防備になりますが，生殖行動の時も無防備になるかと思います．そのせいか，多くの昼行性の動物は，生殖行動を夜間，明け方，夕方にするようです．夜行性の動物も夜間に性行動をする場合が多いようです．

これも私の飼育室での経験です．私は風呂桶のような大きな水槽でキンギョをたくさん飼っていますが，通常は私が水槽のそばに行くと，餌がもらえると思って水面に寄ってきます．しかし，時々私が水槽に近づいてもまったく寄ってこないことがあります．いくつかの理由があるかと思いますが，そのひとつに夏の週末に大学の近くで花火大会のあった次の日は，水槽の底でおびえていたような気がします．大きな音，振動はキンギョにとっては自然界にはない未知の恐怖だったようです．キンギョの性行動については，「求愛・性行動と脳の性分化，裳華房」に詳しく書かれています．興味のある人はご参照ください．

第 15 章　神様と脳

15-1 科学と宗教

最後に科学と宗教について私の考えを書いてみますね．この本の終わりの方に書く内容としてふさわしい生物学のトピックかと思います．科学者として私が考えた空想（ファンタジー）です．読者の中には神様の存在を科学者はどう考えているのかということに興味を持つ人は多いのではないかと思います．私はキリスト教の大学に勤めるクリスチャンです．また科学者でもあります．私は科学者，生物学者の立場から神様についての自分の考えをもっています．科学的に神様の存在を示すことができるかというと，現代の科学ではできません．科学には検証可能性という条件があり，測ることができるものでなければ科学では扱えません．科学の土俵に乗らないのです．このことは拙著「理系研究者がハッピーな研究生活を送るには」で科学の条件について述べているのでご参照ください．それでは科学的に神様をどのようにとらえたらよいでしょうか．ここでは私なりの空想（仮説）を 2 つほど述べたいと思います．

なお佛教における仏様は，如来（にょらい），菩薩（ぼさつ），明王（みょうおう），天部（てんぶ），垂迹（すいじゃく）の大きく 5 種類に分けられ，インドのお釈迦様は菩薩で，実在した人物です．その他の仏様が実際に実在したかどうかは私は知りません．また日本神道にはたくさんの神様がいて，八百万（やおろず）の神々と呼ばれています．日本の神様が実在するかどうかは科学的には示されていないと思います．

15-2 著者の考え　その 1

ひとつめの考えは次のようなものです．人生長く生きていると，科学では説明のできないようなことに出会う機会が増えてきました．いわゆる霊的な現象です．この霊的な現象を偶然とみるか，現代の科学ではまだ測ることのできないエネルギーによるものなのか，という考えに行きつきます．科学の発展とともにいろいろなものが測れるようになりました．この測れるかどうかということを科学では検証可能性と言います．拙著にも書きましたが，黄熱病の研究をしていた病理学者，野口英世は，黄熱病を起こす原因は病原体によるものであるという仮説のもと，研究を進めていました．しかし当時野口英世が使っていた光学顕微鏡では病原体をみつけることはできませんでした．光学顕微鏡で細菌は見えるものの，黄熱病の病原体であるウィルスは細菌よりずっと小さく，見ることができませんでした．そうすると，科学では説明ができない原因不明の病気となるか，あるいは病気の原因は悪魔の仕業かもしれない，ということも言えてしまいます．その後，科学技術が発展し，電子顕微鏡が開発され，ウィルスを見ることができるようになり，黄熱病の原因はウィルスという病原体であることがわかりました．野口英世の，病気の原因は病原体であるという仮説は正しかったのですが，当時の技術ではウィルスを見ることはできませんでした．このように測れなかったものが測れるようになると，それまで検証不可能だったものが検証可能となり，科学では扱えなかったものが，科学で扱えるようになります．だいぶ回り道をしましたが，何が言いたいかというと，霊的なエネルギーというものを科学的に測れるようになると，霊的な現象の科学的な解明ができるようになるのではないか，ということです．今のところ霊的エネルギーを測ることには誰も成功していません．ですから今はまだ霊的現象，神様の存在は科学的に説明することはできません．もしこれらの霊的なことが科学の条件をクリアできたら，科学は神様の存在に一歩近づくのではないかと，科学者の私は考えています．私は科学者としては，神様の存在を科学的に示すことを強く望んでいます．

またキリスト教で言う天国と佛教で言う極楽浄土の存在も科学的にわかればおもしろいですね．

15-3 著者の考え　その2

私のもうひとつの神様に対する考えは，神様というのはヒトの脳がつくっているイマジネーションではないか，という考えです．これは前に述べた考えとは全く異なる考え方です．脳にはいろいろなはたらきがあります．眠っているときに現実にはない夢をみることがあります．またある種の薬，麻薬などにより幻覚（幻視，幻聴など）を感じることがあります．さらに人によっては多重人格という，脳内に複数の人格をもつことができます．このように脳というのは神経細胞のはたらきで現実にはないものをイメージすることができます．最近の研究では，脳のある部位を刺激すると，自分の後ろに他人がいるという感覚になるそうです．またこれはちょっと異なる例ですが，ある若者が洞窟で迷ったときに，亡くなった兄の声で「出口はこっちだ」という声が聞こえたとのことです．このことについては，いくつかの解釈ができるかもしれません．前に述べたように兄の霊が弟を導いたという考え方．別の生物学的な解釈としては，ヒトは極めて困難な状況に陥ったときに，脳の神経回路がパニックになる場合もあれば，脳には危機回避のための別の神経回路があり，冷静になって自分で問題を対処する自己防衛神経回路もあるかもしれません．実際は自分で対処したのだけれど誰かから正しい指示を受けた感覚になるのではないか，という考え方です．これは何か新しいことを思いついたときに，誰かが耳元でささやいてくれた，天からアイディアが降ってきた，という感覚に似ているかと思います．ここまで空想（科学的ファンタジー）を発展させていきついた私の考えは，ヒトの脳には「神様の存在を意識する神経回路」があるのではないか，ということです．そもそもヒトの脳に神様を信じる神経回路，神様の存在をイメージする神経回路があるから，神様がいるという気持ちになるのではないでしょうか．この「神様神経回路」は，喜びを増長し，悲しみを和らげるといった自己暗示的効果があれば，自分の生存に有利にはたらくわけですから進化の過程でヒトにこのような神経回路ができたとしても不思議ではないと思います．心を平安に保つための自己防衛神経回路と言うことも可能です．実際にヒトがつらいときに脳の神経細胞がエンドルフィンという麻薬のような物質をつくり，心の鎮静化をはかることが知られています．このような化学物質による心の平安のしくみに加えて，神経回路による心の平安のしくみがあっても不思議ではありませんね．

神様神経回路の間接的な裏付けとしては，神様の種類は違うのに，地球上のこれだけ多くのヒトが神様の存在を信じているということです．これは脳にヒト共通の神様神経回路があるということを示しているのではないでしょうか．もちろん，神様を信じない人は，何らかの理由でこの神経回路がはたらかないヒトだと思います．それではなぜ神様を信じる神経回路をもつヒトが多いのでしょうか．それは生物学的に簡単に説明できます．神様の存在を信じる人々が善行を行うようであれば，社会の秩序が守られます．善行を行うヒト同士が結婚して子孫を残せば，神様神経回路をつくる遺伝子は次世代に伝わります．このようにして神様神経回路をつくる遺伝子をもつヒト，神様の存在をイメージできるヒトが一定数，常に地球上にいることになります．この考え方は，神様はどこかに存在するのではなく，あなたの心（脳）の中にいらっしゃるのですよ，ということになります．この考え方は，宗教に対する冒涜ととられる可能性がありますが，私は批判を受ける覚悟はしています．しかし，科学者の仮説としてはかなりまともではないかと私は思っています．この考え方を私の友人の外国の著名な神経科学者に話したところ，「素晴らしい仮説だ！」と絶賛してくれました．しかし同時に「このことは絶対に世界に発信しないように！さもないとお前は殺されるぞ！」ときつく言われました．だからこそ私は宗教に寛容な日本で，日本語でこの仮説を書きました．21 世紀は脳科学の時代と言われています．この仮説は私が生きている間に検証されるでしょうか．それとも社会的にタブーでしょうか．私はこの神様神経回路が，他の動物にあるのか，ヒトだけのものなのか，というさらなる妄想をしています．と，ここまで書いてきて，神様神経回路は私が最初に提唱した仮説だと思っていたら，この原稿をかいている最中にドーキンスの「神は妄想である」を読み進めていくと，「脳の『神中枢』」という言葉がでてきました．ドーキンスは脳の特定の部位の神経回路（中枢）が活性化すると神様のイメージができるのではないか，と書いていました．残念！　先を越されていた，というのが私の科学者としての正直な気持ちです．しかしドーキンスは動物行動学者で，体内の生理学には興味がないので，このアイディア（神中枢）はこれ以上追求しないでおこう，とありました．私は今後もこの仮説を追求していきたいと思っています．それが科学者としての正しい態度だと思っています．

多くの宗教にはそれぞれの経典があります．ユダヤ教のトーラー，キリスト教の新約聖書，イスラム教のコーランなどに書かれていることについてはどう考えましょうか．私は仏教のお経も含めてこれらの書物はどれも長い間人々に読まれてきた優れた道徳書であると考えています．人間の祖先はアダムとイブ？　それともイザナギ，イザナミ？　これらの中に出てくる事例は科学的なものとは思えません．しかし，科学で説明できないことを神様はできるのだから，神様はやはり偉大である，という考えをもつことは社会的に自由です．思想，信条，信仰をそれぞれ自由に持つことは社会的に保障されています．またこれらの書物に出てくる奇跡を事実とするならば，それは私が最初に述べた霊的なエネルギーによる結果，という考えにいくつくことになるかと思います．私の述べた2つの仮説（ファンタジー）は矛盾するものですが，科学的な考え方としてはどちらもそれほど的外れではないと思います．

15-4 他の科学者の考え

それでは世界の科学者は神様の存在をどう考えているのでしょうか．前出のドーキンスは「神は妄想である（宗教との決別）」（垂水雄二訳，2007年，早川書房）という本を出版し，イギリス，アメリカでベストセラーになりました．ドーキンスは神の存在は科学的に示すことができないのだから，神は存在しない．信仰は根拠のない信念と説明しています．たしかに神の存在は，科学の条件をみたしていません（科学の条件については，拙著「理系研究者がハッピーな生活を送るには」を参照）．ドーキンスは本のタイトルの妄想（delusion）について「科学的に」根拠のないことにこだわり続ける誤ったものの考え方，という説明をしています．私は科学者としてこの考え方に納得ができます．しかし，私は2つ目の私の仮説の神様神経回路という妄想（fantasy）は，まだ仮説の段階で科学的証拠はありませんが，進化の過程でヒトが獲得した生存に有利にはたらくための神経回路であると考えています．そしてそこでつくられるものはdelusionではなく，神様が存在するというイマジネーションです．ですから，その神経回路は心の平穏を保つ安定装置（stabilizer）ではないかと考えています．またドーキンスは，根拠のないものの考え方にとても否定的です．たとえば，次のような神の存在理由のコメントを自分の都合のいい発想として強く否定しています．「私は実際に神を信じている！　私は間違いなく神を信じている！　心底から，掛け値なしに，神に誓って，私は神を信じている！　したがって神は存在する.」このコメントがまったく科学的ではなく，この説明では神の存在を示すことができないことは，私は科学者として同感します．ただし，自分が何が好きで，何を信じて，どう考えるかは個人の自由で，それは言論，思想，信仰の自由として社会的に保障されています．神の存在ではありませんが，このコメントをした人の気持ちは，私はわかるような気がします．前述のとおり私はプロレスの大ファンです．若い頃はプロレスを観てどれだけ勇気づけられたことでしょうか．研究をすすめる上で大きな活力をもらいました．しかし私がよく聞かれる質問に，なぜプロレスが好きなの？　というのがあります．これには私は答えられません．私は，心底から，掛け値なしにプロレスが好きです．何を好きになるか，それは個人の自由でしょ！　まさに「嫌いなこと」には理由があるが,「好きなこと」には必ずしも理由はない，ですね．

立花隆という評論家がいました．立花隆は優れた評論家でしたが，よほどプロレスが嫌いだったのか,「プロレスというのは，品性と知性と感性が同時に低レベルにある人だけが熱中できる低劣なゲームだと思っている」というコメントを 1991 年に残しています．これは今だったら明らかに差別発言として批判されるでしょう．

何が言いたかったかと言いますと，私はドーキンス，立花隆の言っていることは，間違っていないと思いますが，他人のものの考え方を攻撃的にコメントするのは大人気ないと思っています．なおドーキンスは他にも『さらば神よ，科学こそが道をつくる』（太田道子訳，2020 年，早川書房）および『神のいない世界の歩き方「科学的思考」入門』（太田道子訳，2022 年，早川書房）という本を出版しています．興味のある人は読んでみてください．

一方，科学と神様の存在は両立するという本を書いている研究者もいます．ジョン・レノックスという数学者が「科学ですべて解明できるのか？『神と科学』論争を考える」（森島康則訳，2021 年，いのちのことば社）という本を出版しています．この本の前半では，ドーキンスおよびホーキングへの反論がなされています．後半は宗教的な考え方は科学の法則に反していないという説明がなされています．私は，ドーキンスの本を読んだときは，論理的になるほど，という気持ちになりましたが，レノックスの本を読んだときは，何かもやもやした気持ちになりました．レノックスのドーキンスに対する反論が，論理的な説明として感じられず，こじつけ，詭弁を並べているように感じられました．科学についてこのような説明をする科学者がいるということに，なんだか情けない気持ちになってきました．興味のある人は読みくらべてみてください．ただしドーキンスの「神は妄想である」は549ページ，『さらば神よ』は317ページ，『神のいない世界の歩き方』は335ページあります．レノックスの本は188ページです．

15-5 道徳心と脳

ドーキンスの本（神は妄想である）を読んでいると，とても興味深い研究が引用されています．脊椎動物のヒトの特徴として道徳心（倫理観）というのがあります．マーク・ハウザーという生物学者の考えでは，地理的，文化的背景に関係なく，長い進化の過程でヒトは道徳心をもつようになった，ということです．私はこのことを，私の提唱する「神様神経回路」に対応させて脳の「道徳神経回路」があるのではないかと思っています．ヒトは集団において，社会的調和を維持するには道徳心が必要なことは誰もが納得することではないでしょうか．生物学者の私は，このような「道徳神経回路」が鳥や魚にもあるのかどうか，とても気になるところです．

さらにドーキンスはハウザーの興味深い研究を2つ紹介しています．そのひとつは中央アメリカのクナ族という西洋人とはまったく交流がなく，いわゆる宗教をもたない部族での調査結果です．この宗教をもたない部族においても，西洋人と同じ道徳心が確認されたとのことです．この部族の人たちは神様神経回路の遺伝子をもたない系統の人々なのでしょうか．

またハウザーは，宗教的な信仰をもつ人と信仰をもたない人を対象として道徳的判断を比較するという調査を行ったところ，2つのグループの回答に統計学的な有意差（違い）はなかったと結論づけています．ハウザーの結論は，宗教がなくても道徳心は保たれるということです．

私の個人的考えとしては，ヒトの進化の過程で集団の調和を保つための「道徳神経回路」が先にできて，その後に「道徳神経回路」を補強するように「神様神経回路」ができたのではないかと思います．しかし，「神様神経回路」は両刃の剣で，自分の心の平安，同じ宗教の信者との調和とは別に，自分の信仰する神様以外を排他的に考えるように作動すると危険なことが起こります．十字軍，宗教戦争，911 テロ事件はみな異なる宗教間の衝突です．この先，神経科学，精神医学といった科学と宗教が手を結ぶ必要があるのではないかと私は考えています．いずれにせよ，科学も宗教も人々の幸せを願うことに違いはないでしょう．そのために人々の自由のひとつとして神様や仏様のこと考えることがあります．これはまさに神経細胞のはたらきによる生命現象のひとつと言えるように思います．

あとがき

いかがでしたか？　生物学を楽しんでもらえたでしょうか．本書は，理科はあまり好きではないけれど，生物学の授業をしかたなくとらなければならない学生・生徒の苦痛を少しでもやわらげられればと，また少しでも生物学を面白いと思ってもらえればと，さらにヒトのからだは本当にうまくできている（呼吸器を除く）のだと感心してもらえれば，という思いを込めて書きました．

そして最後のほうには，私の科学者としての宗教観についても書きました．おそらく多くの読者はこの問題に興味があっても誰にも聞けなかったのではないかと思います．そこで私は科学者としての自分の考えをオープンにしました．ただし，けっしてすべての科学者が私のような考えを持っているとは思わないでください．ここに書いてあるのは私独自の宗教観です．特に科学者は独創性を重要視します．私は科学者として他にはない独創的な宗教観をもっていないと，科学者として気がすまないのかもしれませんね．

動物，ヒトの生理学についてもう少し詳しく知りたい人は以下の教科書，参考書をお勧めします．「いちばんやさしい生理学」は私の高校の同級生の加藤尚志氏によって書かれたものです．私が今回の本書の原稿を書いている途中に，この本が出版されていることを知りました．加藤氏も動物のホルモンが専門で，彼の本の目次を見た時に，私の発想といろいろな点で共通点があることを感じました（また私も彼も下ネタ好き．ただし私はどちらかというとセクシーな下ネタが好きですが，加藤氏はトイレ系の下ネタがお好きです．排便，排尿のメカニズムは加藤氏の著書を参考に書きました）．なおトートラの人体解剖生理学の編訳をしている桑木共之氏も私の高校の同期生です．

謝　辞

本書を出版するに当たり，下記の方々から有益なコメントを頂きました．謹んで感謝の意を表します．

国際基督教大学教会牧師の北中晶子先生，国際基督教大学の学生の皆様，埼

玉大学理学部塚原伸治先生，スポーツライターの本條強氏，金融コンサルタントの河西郁宏氏．
また本の出版にあたり，原稿を丁寧に校閲，編集してくださった恒星社厚生閣の小浴正博氏に心より感謝申し上げます．

参考書

チャールズ・ダーウィン，渡辺政隆訳（2009）：種の起源　上巻・下巻，光文社．
チャールズ・ダーウィン，リチャード・リーキー編，吉岡晶子訳（1997）：新版図説種の起源，東京書籍．
チャールズ・ダーウィン，マイケル・ケラー編，ニコル・レージャー・フラー絵，夏目大訳，佐倉統監修（2020）：ダーウィン「種の起源」を漫画で読む，いそっぷ社．
リチャード・ドーキンス，垂水雄二訳（2007）：神は妄想である，宗教との決別，早川書房．
リチャード・ドーキンス，太田道子訳（2020）：さらば神よ，科学こそが道をつくる，早川書房．
リチャード・ドーキンス，太田道子訳（2022）：神のいない世界の歩き方－「科学的思考」入門，早川書房．
池内昌彦・伊藤元己・箸本春樹・道上達男　監訳（2018）：キャンベル生物学（原書11版），丸善出版．
インフォビジュアル研究所，松本健二監修（2019）：図解でわかる14歳から知る人類の脳科学，その現在と未来，太田出版．
ジョン・レノックス，森島康則訳（2021）：科学ですべて解明できるのか？「神と科学」論争を考える，いのちのことば社．
金子豊二（2015）：キンギョはなぜ海がきらいなのか？，恒星社厚生閣．
加藤尚志・南沢亨（2020）：いちばんやさしい生理学，成美堂出版．
小林牧人・小澤一史・棟方有宗共編（2016）：求愛・性行動と脳の性分化，裳華房．
小林牧人・藤沼良典（2021）：理系研究者がハッピーな研究生活を送るには，恒星社厚生閣．
棟方有宗・北川忠生・小林牧人編著（2020）：日本の野生メダカを守る　正しく知って正しく守る，生物研究社
太田次郎・石原勝敏・黒岩澄雄・清水硯・高橋景一・三浦謹一郎編集（1997）：動物体の調節，朝倉書店．
佐伯由香・細谷安彦・高橋研一・桑木共之　編訳（2011）：トートラ人体解剖生理学（原書8版），丸善出版．
坂井建雄（2018）：想定外の人体解剖学，枻（えい）出版．
鈴木孝仁・本川達雄・鷲谷いづみ（2017）：チャート式シリーズ・新生物，数研出版．
當瀬規嗣（2006）：よくわかる生理学の基本としくみ，秀和システム．

索　引

あ行

か行

さ行

た行

な行

は行

ま行

や行

ら行

著者略歴

小林牧人（こばやし　まきと）

1956 年生．東京大学農学部水産学科卒，同大学院博士課程修了．
カナダ・アルバータ大学研究員，東京大学農学部水産学科助手・助教授，国際基督教大学準教授・教授．農学博士．
現在　国際基督教大学特任教授．
専門：魚類生理学，行動学，保全学，環境科学．
日本動物学会奨励賞，日本水産学会進歩賞，日本水産学会論文賞受賞．
東京大学アメリカンフットボール部ウォリアーズ卒

監修者略歴

小澤一史（おざわ　ひとし）

1958 年生．東京慈恵会医科大学卒，同大学解剖学教室助手，群馬大学内分泌研究所助手，フランス国立科学研究所（CNRS）客員研究員，京都府立医科大学講師・助教授，日本医科大学 大学院教授・名誉教授．医学博士．
現在　佛教大学保健医療技術学部教授．
専門：神経解剖学，神経内分泌学，神経生物学．
日本臨床電子顕微鏡学会研究奨励賞，成長ホルモン協会奨励賞，日本組織細胞化学会学会賞受賞．

ファンタジーな生物学
—暗記にとらわれず楽しく学ぼう—

2023 年 2 月 8 日　初版発行

著　者　小林牧人
監修者　小澤一史
発行者　片岡一成
発行所　恒星社厚生閣
〒160-0008　東京都新宿区四谷三栄町 3-14
電話 03-3359-7371　FAX 03-3359-7375
http://www.kouseisha.com/
印刷・製本　㈱ディグ

定価はカバーに表示してあります

ISBN978-4-7699-1690-1